Lüse Weilai Congshu

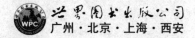

本丛书编委会　赵向红　白永军　黄　静　刘　骁◎编著

绿色未来丛书

▼

未来的城市生活：
生存环境与绿色家园

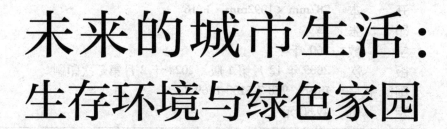

世界图书出版公司

广州·北京·上海·西安

图书在版编目（CIP）数据

未来的城市生活：生存环境与绿色家园／《绿色未来丛书》编委会编著．—广州：广东世界图书出版公司，2009.12（2024.2重印）

（绿色未来丛书）

ISBN 978－7－5100－1469－7

Ⅰ．①未… Ⅱ．①绿… Ⅲ．①城市环境－环境保护－普及读物 Ⅳ．①X21－49

中国版本图书馆 CIP 数据核字（2009）第 216978 号

书　　名	**未来的城市生活：生存环境与绿色家园**	
	WEI LAI DE CHENG SHI SHENG HUO SHENG CUN HUAN JING YU LV SE JIA YUAN	
编　　者	《绿色未来丛书》编委会	
责任编辑	柯绵丽	
装帧设计	三棵树设计工作组	
出版发行	世界图书出版有限公司　世界图书出版广东有限公司	
地　　址	广州市海珠区新港西路大江冲 25 号	
邮　　编	510300	
电　　话	020-84452179	
网　　址	http://www.gdst.com.cn	
邮　　箱	wpc_gdst@163.com	
经　　销	新华书店	
印　　刷	唐山富达印务有限公司	
开　　本	787mm×1092mm　1/16	
印　　张	13	
字　　数	160 千字	
版　　次	2009 年 12 月第 1 版　2024 年 2 月第 7 次印刷	
国际书号	ISBN　978-7-5100-1469-7	
定　　价	49.80 元	

"光辉书房新知文库"

总策划/总主编：石　恢

副总主编：王利群　方　圆

本书作者

赵向红　白永军　黄　静　刘　骁

序：蓝色星球　绿色未来

　　从距离地球 45000 公里的太空上回望，我们会发现，地球不过是一个蓝色小球，就像小孩玩耍的玻璃弹珠。但就是这么一个"蓝色弹珠"，却养育了无数美丽的生命，承载着各种各样神奇的事物。人类从这个小小的星球中诞生，并慢慢成长，从茹毛饮血、刀耕火种的时代一步步走来，到今天社会文明、人丁旺盛、科技发达，都有赖于这个小小星球的呵护与仁慈的奉献。

　　当人类逐渐强大，有能力启动宇宙飞船进入太空，他却没有别的地方可去，因为到目前为止，人类只有一个地球，只有一个家园。

　　地球上有两种重要的色彩，一个是蓝色，一个是绿色，蓝色是海洋，绿色覆盖大地，在太空看地球是蓝色，生活中却是绿色环绕，这两种色彩覆盖着地球的大部分表面；原始生命从海洋中孕育，在森林中成长，经过漫长的进化造就人类，有了水和植物，再通过光合作用，提供生命活动所不可缺少的能源，万物因此获得生机，地球因此成为人类的家园。但是，人类在和以绿色植物为主体的自然界和谐相处数百万年后，危机出现了，由于人类活动的加剧，地球上的绿色正在快速地消失。

　　在欲望和利益的驱使下，在看似精明、实则愚蠢的行为下，令人忧心的事情一再发生。森林被砍伐；河流变黑变臭；城市总是灰蒙蒙、空气中弥漫着悬浮颗粒物和二氧化硫；耕地一年比一年减少、钢筋混凝土建筑一年比一年增多；山头或寸草不生、农田或颗粒无收；臭氧层空洞、冰川融化、酸雨浸蚀；野生动物灭绝的消息不断传来、食品安全事件层出不穷……绿色的消失既是事实，也是象征，病变、震撼、全球污染、地球生病了，地球在哭泣。

近年来，无数的数据和现象都在逼近一个问题，人类贪婪无度，地球不堪重负，人类已经走到一个紧要关头，生存还是毁灭？

如果我们再次来到太空回望地球，你能想象它失去蓝色的样子吗？一个没有水的星球，可能是火星、木星、土星，但绝不是地球。同样，人类能失去绿色吗？失去绿色的星球，将不再是人类的家园。

从现在开始，我们可以改变以往的观念，而接纳新的绿色思维——人不能主宰地球，而是属于地球；我们应更多地学习环保先锋、追随环保组织，参与绿色行动；我们不仅关注国家社会，还关注身边的阳光、空气和水，关注明天是否依然；在日常生活中，从我做起，知道与做到节约型社会的良好生活习惯。也许你认为自己所做的一切微不足道，但每个人的努力都是宝贵的，留住一片绿色，地球就多一片生机；增添一份绿色，人类就增添一份希望。

如果有机会来到太空，眺望这个美丽的蓝色星球，你会有怎样的愿望？

许它一个绿色的未来！

中华人民共和国环保部副部长

目录

contents

序章　城市生活应该更美好

　　自从人类诞生之日起，衣、食、住、行以及劳动、生产，都依赖于我们所生存的地球。大气、森林、海洋、河流、土壤、草原、野生动植物等，组成了错综复杂而关系密切的自然生态系统，这就是人类赖以生存的基本环境。长期以来，人类把文明的进程一直滞留在对自然的征服掠夺上，似乎从未想到对哺育人类的地球给予保护和回报。在取得辉煌的文明成果的同时，人类对自然的掠夺却使得我们所生存的这个星球满目疮疤。人口的增长和生产活动的增多，也对环境造成冲击，给环境带来压力。

　　城市是人类的重要居住地，是人类活动的主要舞台，是人类技术进步、社会经济发展的源泉地，是社会文明发达的重要标志，也是人类生态问题和环境危机的重要策源地。城市，就像一座小岛，各种各样的人生活在这个车水马龙的世界里。不

令人向往的绿色城市

断扩大的城市已经容纳了超过 50% 的地球人口，消耗了过多的资源，并产

1

未来的城市生活

生严重的污染。

城市生活的生态环境质量好坏直接影响着城市的可持续发展。城市的生态环境，建设在维护城市整个生态平衡以及地球的生态平衡中具有特殊的地位和作用。保护好城市生态环境，实现城市的可持续发展，构建科技、环保、节能的绿色城市生活已成为时代的迫切要求和人民的强烈愿望。

保护环境，人人有责，但我们现在还只是学生，不可能为全人类的环境作出特别大的贡献，但我们可以从身边的环境做起，从保护学校的环境做起，例如：遵守有关禁止乱扔各种废弃物的规定，把废弃物扔到指定的地点或容器中；避免使用一次性的饮料杯、饭盒、塑料袋，用纸盒等代替，这样可以大大减少垃圾，减轻垃圾处理工作的压力；爱护花草树木；少赠送贺年卡；保持校园清洁等。以上这些虽是小事，但是，只要大家动手，一起努力，从节约资源和减少污染着手，调整一下自己的生活方式，我们就能为保护地球作出一份贡献。节约资源，保护环境，做保护地球的小主人，为构建美好的节能、环保、绿色的未来城市贡献自己的力量。

未来的城市将是什么样的？人类能够依靠自己的科技来构筑绿色的城市吗？人类如何更好地营造与自然和谐相处的城市中的生活呢？本书让你了解人类城市的发展困境，向你展现了人类未来城市生活的大致面貌。让我们一起来分享未来的城市给人类带来的美妙生活吧！

1. 全球性的环境污染

2

人们一直以为地球上的海洋、空气是无穷尽的，所以从不担心把千万吨废气送到天空去，又把数以亿吨计的垃圾倒进海洋。大家都认为世界如此广阔，这一点废物算什么？我们错了，其实地球虽大（半径6300多千米），但生物只能在海拔8千米到海底11千米的范围内生活，而95%的生物都只能生存在中间约3千米的范围内，人类竟肆意地从三方面来污染这有限的生活环境。

海洋污染　从油船与油井漏出来的原油，农田用的杀虫剂和化肥，工厂排出的污水，矿场流出的酸性溶液等，使得大部分的海洋湖泊都受到污染，结果不但海洋生物受害，就是鸟类和人类也可能因吃了这些生物而中毒。

陆地污染　垃圾的清理成了各大城市的重要问题，每天千万吨的垃圾中，好些是不能焚化或腐化的，如塑料、橡胶、玻璃、铝等废物。它们成了城市卫生的第一号敌人。

空气污染　这是最为直接和严重的了，主要来自工厂、汽车、发电厂等等放出的一氧化碳和硫化氢等，每天都有人因接触了这些污浊空气而染上呼吸器官或视觉器官的疾病。我们若仍然漠视专家的警告，将来一定会落到无半寸净土可住的地步。

环境污染是指人类直接或间接地向环境排放超过其自净能力的物质或能量，从而使环境的质量降低，对人类的生存与发展、生态系统和财产造成不利影响的现象。具体包括水污染、大气污染、噪声污染、放射性污染等。水污染是指水体因某种物质的介入，而导致其化学、物理、生物或者放射性污染等方面特性的改变，从而影响水的有效利用，危害人体健康或者破坏生态环境，造成水质恶化的现象。大气污染是指空气中污染物的浓度达到有害程度，以致破坏生态系统和人类正常生存和发展的条件，对人和生物造成危害的现象。噪声污染是指所产生的环境噪声超过国家规定的

3

环境噪声排放标准，并干扰他人正常工作、学习、生活的现象。放射性污染是指由于人类活动造成物料、人体、场所、环境介质表面或者内部出现超过国家标准的放射性物质或者射线。例如，超过国家和地方政府制定的排放污染物的标准，超种类、超量、超浓度排放污染物；未采取防止溢流和渗漏措施而装载运输油类或者有毒货物致使货物落水造成水污染；非法向大气中排放有毒有害物质，造成大气污染事故；等等。造成生态环境污染的根源主要有以下几方面：

（1）工厂排出的废烟、废气、废水、废渣和噪音；

（2）人们生活中排出的废烟、废气、噪音、脏水、垃圾；

（3）交通工具（所有的燃油车辆、轮船、飞机等）排出的废气和噪音；

（4）大量使用化肥、杀虫剂、除草剂等化学物质的农田灌溉后流出的水；

（5）矿山废水、废渣。

由于人们对工业高度发达的负面影响预料不够，预防不利，导致了全球性的三大危机：资源短缺、环境污染、生态破坏。人类不断地向环境排放污染物质。但由于大气、水、土壤等的扩散、稀释、氧化还原、生物降解等的作用，污染物质的浓度和毒性会自然降低，这种现象叫做环境自净。如果排放的物质超过了环境的自净能力，环境质量就会发生不良变化，危害人类健康和生存，这就发生了环境污染。环境污染会降低生物生产量，加剧环境破坏，会给生态系统造成直接的破坏和影响，如沙漠化、森林破坏，也会给生态系统和人类社会造成间接的危害，有时这种间接的环境效应的危害比当时造成的直接危害更大，也更难消除。例如，温室效应、酸雨和臭氧层破坏就是由大气污染衍生出的环境效应。这种由环境污染衍生的环境效应具有滞后性，往往在污染发生的当时不易被察觉或预料到，然而一旦发生就表示环境污染已经发展到相当严重的地步。当然，环境污染的最直接、最容易被人所感受的后果是使人类环境的质量下降，影响人类的生活质量、身体健康和生产活动。例如城市的空气污染造成空气污浊，人们的发病率上升等等；水污染使水环境质量恶化，饮用水源的质量普遍下降，威胁人的身体健康，引起胎儿早产或畸形等等。严重的污染事件不仅带来健康问题，也造成社会问题。随着污染的加剧和人们环境意识的提高，由于污染引起的人群纠纷和冲突逐年增加。

2. 城市污染日益严重

人类走出原始森林，经过千百年的奋斗，创建了当今宏伟的城市。城市是人类文明的标志，是现代化、工业化程度的集中表现。现代化的城市，房子越盖越高，越盖越密，城市的人口也越来越集中，居民生活水平随之提高，而这也给城市环境带来了巨大的压力，使得生态环境质量不断恶化。由于城市是地球上生态环境破坏最彻底的地方，因此这里的空气质量最差、灰尘多、垃圾多、有毒气体多、空气中细菌含量多、空气负离子少等，城市已不是人类理想的居住环境。随着生态科学的发展，生态学家从环境生态角度对城市提出了新的评价——"城市水泥沙漠"论。同时，他们指出了城市给人们身心健康造成的危害，主要表现在以下几个方面：

——空气污染。众所皆知，空气与人的生命关系密切，清新空气对人的健康尤为重要。人5天不吃饭不喝水尚有生存希望，但断绝空气5分钟

5

未
来
的
城
市
生
活

以上就会死亡。城市大规模工业生产活动和繁忙拥挤的交通所排放污物废气严重污染大气，使城市空气质量不断恶化，严重危害人类的健康。特别是呼吸系统、心血管等疾病更与大气污染密切相关。据墨西哥卫生部公布的数据显示，在墨西哥市约1800万人口中，1/3的人感到眼睛不舒服，24%的人抱怨头痛，12%的人呼吸困难。全球每年由于城市空气污染造成大约80万人死亡。亚洲地区每年因大气污染造成48.7万多人死亡。中国每年因城市大气污

工业废气污染

染而造成的呼吸系统门诊病例35万人，急诊病例680万人，大气污染造成的环境与健康损失占中国GDP的7%。据世界银行估计，中国有6亿人生活在二氧化硫超标的环境中，而生活在总悬浮颗粒物超标环境中的人数达到了10亿。美国1970年排入大气的粉尘和有害气体达2.64亿吨，平均每人1吨。全世界每年死于癌症的人约300万。研究证明，80%的癌症病人是环境因素引起的，其中90%是化学因素，5%是物理因素（如电离辐射）。另据《2007年中国环境状况公报》显示，全国地级及以上城市（含地、州、盟首府所在地）空气质量达到国家一级标准的城市占2.4%，二级标准的占58.1%，三级标准的占36.1%，劣于三级标准的占3.4%。

　　——热辐射污染。一般情况下，高温季节100万人口的城市，市中心最高温度比城郊高8~10℃，较高的温差造成了热辐射。人们为了摆脱城市高温的煎熬，发明了空调，空调的使用又带来了有害健康的空调病。

——水体污染。城市和城郊是生活用水、工业用水最集中最多的地方，也是地表水和地下水污染最严重的地方。城市是污染源的发源地，也是水环境被破坏最严重的地段，是居民的身心健康受害最严重的地域。因为大多数企业要么建设在市区，要么建设在市郊，而且任何企业都需要水，任何企业都要排污水、废水。由于所需原料、燃料和工艺流程不同，所排放的废水对环境的污染程度也不相同。工业废水、矿山排水和其他污水的不合理排放是造成水源污染的最主要原因。排出废水的工厂主要是化工工厂，如农药厂、化肥厂、制药厂、涂料厂、染料厂等，其他的还有炼油厂、石油化工厂、钢铁厂等。其中废水中常常含有硫化物、氰化物、汞、砷、酚、铅等污染物及一些复杂的有机物。这些物质有些可以回收处理，有些复杂的有机物无法处理。有的企业工业废水未经处理就直接排放到地面水体，使地面水受到不同程度的污染，造成一些地区江河湖泊成了鱼虾死绝的"死水"，致使该地区以江河为工业水源和饮用水源的工厂不得不去找其他水源。许多企业不得不自钻深水井，取用地下水。取地下水过多又会引起地层下陷。从而进一步威胁到居民用水的安全。

——垃圾污染。城市垃圾污染主要是城市固体废弃物造成的污染。固体废弃物主要是指城市居民的生活垃圾、商业垃圾、市政维护和管理中产生的垃圾，如废纸、废塑料、废家具、废碎玻璃制品、废瓷器、厨房垃圾等。城市固体废弃物对环境的影响是长久而深远的。据统计，我们的生活中一些废弃物在自然界停留的时间如下：烟头 1~5 年；尼龙织物 30~40 年；易拉罐 80~100 年；羊毛织物 1~5 年；橘子皮 2 年；皮革 50 年；塑料 100~200 年；玻璃 1000 年。这些城市垃圾绝大部分露天堆放，不仅影响城市景观，还污染了大气、水和土壤，对城市居民的健康构成威胁。随

着我国城市人口的增长、经济的发展和居民生活水平的不断提高，城市生活垃圾产生量逐年迅速增长。据统计，我国城市生活垃圾的年产量高达1.7亿多吨，且每年以10%左右的速度增加。但目前我国城市生活垃圾的处理率不足1/3，真正达到无害化处理和资源化利用的比例更低，与日俱增的生活垃圾已成为困扰经济发展和环境治理的重大问题。

随着经济的发展和人民生活水平的提高，垃圾问题日益突出。我国668座城市，2/3被垃圾环带包围。这些垃圾埋不胜埋，烧不胜烧，造成了一系列严重危害：一是垃圾露天堆放大量氨、硫化物等有害气体释放，严重污染了大气和城市的生活环境。二是严重污染水体。垃圾不但含有病原微生物，在堆放腐败过程中还会产生大量的酸性和碱性有机污染物，并会将垃圾中的重金属溶解出来，形成有机物质，重金属和病原微生物三位一体的污染源，雨水淋入产生的渗滤液必然会造成地表水和地下水的严重污染。三是生物性污染。垃圾中有许多致病微生物，同时垃圾往往是蚊、蝇、蟑螂和老鼠的滋生地，这些必然危害着广大市民的身体健康。四是侵占大量土地。据初步调查，2003年全国668座城市中已有2/3被垃圾带所包围，全国垃圾存占地累计533.6平方千米。五是垃圾爆炸事故不断发生。随着城市中有机物含量的提高和由露天分散堆放变为集中堆存，只采用简单覆盖易造成产生甲烷气体的厌氧环境，易燃易爆。

——噪声污染。噪声级为30~40分贝是比较安静的正常环境；超过50分贝就会影响睡眠和休息。由于休息不足，疲劳不能消除，正常生理功能会受到一定的影响；70分贝以上干扰谈话，造成心烦意乱，精神不集中，影响工作效率，甚至发生事故；长期工作或生活在90分贝以上的噪声环境，会严重影响听力和导致其他疾病的发生。噪声能使人的中枢神经受损，引起大脑皮层兴奋和抑制平衡失调，导致条件反射异常。长期在噪声的不良刺激下，会引起神经衰弱、头晕、头痛、记忆力减退、内分泌紊乱、消化不良等疾病，它是一种致命的慢性毒素。2007 年，世界卫生组织向英国发出警告说，英国国内存在严重噪声污染，每年死于噪音污染的人数已达 6500。据世界卫生组织分析结果显示，死于心脏病、中风等心血管疾病的人中，大约 3% 的病例源于死者长期暴露在交通噪声中，造成心理压力过大，血压升高，心脏病发作。另外城市的建筑工地施工造成的噪声也影响周边居民正常生活，

——光污染。城市是光污染集中区。城市里建筑物的玻璃幕墙、釉面砖墙和各种涂料等装饰，在太阳光照射强烈时，都会反射光线。街道上五光十色的霓虹灯、舞厅里闪烁的彩色光，都给视觉神经很大刺激。据测定，这些彩光所产生的紫外线强度大大高于太阳光中的紫外线，且对人体有害影响持续时间长，人如果长期接受这种照射，可诱发流鼻血、白内障等，甚至导致白血病和其他癌变。

——微生物污染。室内空气微生物污染是传播呼吸道疾病的主要原因，微生物可附着于尘埃、飞沫上，并以它们作为介质进入人体而引发疾病。病原微生物通过空气传播的疾病有肺结核、肺炎、天花、水痘等。

3. 空气污染成为城市的噩梦

城市也是人类生态问题和环境危机的重要策源地，不断扩大的城市已经容纳了超过 50% 的地球人口，消耗了过多的资源，并产生严重的污染，尤其是空气污染已经对城市居民的生活质量造成了严重的破坏。回顾工业革命以来的 200 多年的历史，空气污染就像噩梦一样萦绕在地球上空，持

9

续滞留，愈演愈烈。历史上著名的伦敦烟雾事件、洛杉矶光化学烟雾事件，已沉痛地告诉人们：噩梦已成真。作为地球文明最集中、工业最发达的城市，遭受着最为严重的噩梦——空气污染。城市空气中污染物主要由二氧化硫、氮氧化物、粒子状污染物和酸雨等构成。

二氧化硫（SO_2）

二氧化硫主要由燃煤及燃料油等含硫物质燃烧产生，其次是来自自然界，如火山爆发、森林起火等。二氧化硫对人体的结膜和上呼吸道黏膜有强烈刺激性，可损伤呼吸器管，可致支气管炎、肺炎，甚至肺水肿呼吸麻痹。短期接触二氧化硫浓度为 0.5 毫克/立方米空气的老年或慢性病人死亡率增高；浓度高于 0.25 毫克/立方米，可使呼吸道疾病患者病情恶化；长期接触浓度为 0.1 毫克/立方米空气的人群呼吸系统病症增加。另外，二氧化硫对金属材料、房屋建筑、棉纺化纤织品、皮革纸张等制品容易引起腐蚀，剥落、褪色而损坏。还可使植物叶片变黄甚至枯死。国家环境质量标准规定，居住区二氧化硫日平均浓度低于 0.15 毫克/立方米，年平均浓度低于 0.06 毫克/立方米。

氮氧化物（NO_x）

空气中含氮的氧化物有一氧化二氮（N_2O）、一氧化氮（NO）、二氧化氮（NO_2）、三氧化二氮（N_2O_3）等，其中占主要成分的是一氧化氮和二氧化氮，以 NO_x（氮氧化物）表示。NO_x 污染主要来源于生产、生活中所用的煤、石油等燃料燃烧的产物（包括汽车及一切内燃机燃烧排放的 NO_x）；其次是来自生产或使用硝酸的工厂排放的尾气。当 NO_x 与碳氢化物共存于空气中时，经阳光紫外线照射，发生光化学反应，产生一种光化学烟雾，它是一种有毒性的二次污染物。NO_2 比 NO 的毒性高 4 倍，可引起肺损害，甚至造成肺水肿。慢性中毒可致气管、肺病变。吸入 NO，可引起变性血红蛋白的形成并对中枢神经系统产生影响。NO_x 对动物的影响浓度大致为 1.0 毫克/立方米，对患者的影响浓度大致为 0.2 毫克/立方米。国家环境质量标准规定，居住区的氮氧化物平均浓度低于 0.10 毫克/立方米，年平均浓度低于 0.05 毫克/立方米。

粒子状污染物

空气中的粒子状污染物数量大、成分复杂，它本身可以是有毒物质或是其他污染物的运载体。其主要来源于煤及其他燃料的不完全燃烧而排出的煤烟、工业生产过程中产生的粉尘、建筑和交通扬尘、风的扬尘等，以及气态污染物经过物理化学反应形成的盐类颗粒物。在空气污染监测中，粒子状污染物的监测项目主要为总悬浮颗粒物、自然降尘和飘尘。

酸雨

降水的 pH 值低于 5.6 时，即为酸雨。煤炭燃烧排放的二氧化硫和机动车排放的氮氧化物是形成酸雨的主要因素；气象条件和地形条件也是影响酸雨形成的重要因素。降水酸度 pH 值 <4.9 时，将会对森林、农作物和材料产生明显损害。

一氧化碳（CO）

一氧化碳是无色、无臭的气体。主要来源于含碳燃料、卷烟的不完全燃烧，其次是炼焦、炼钢、炼铁等工业生产过程所产生的。人体吸入一氧

11

化碳易与血红蛋白相结合生成碳氧血红蛋白，而降低血流载氧能力，导致意识力减弱，中枢神经功能减弱，心脏和肺呼吸功能减弱；受害人感到头昏、头痛、恶心、乏力，甚至昏迷死亡。我国空气环境质量标准规定居住区一氧化碳日平均浓度低于 4.00 毫克/立方米。

氟化物（F）

指以气态与颗粒态形成存在的无机氟化物。主要来源于含氟产品的生产、磷肥厂、钢铁厂、冶铝厂等工业生产过程。氟化物对眼睛及呼吸器官有强烈刺激，吸入高浓度的氟化物气体时，可引起肺水肿和支气管炎。长期吸入低浓度的氟化物气体会引起慢性中毒和氟骨症，使骨骼中的钙质减少，导致骨质硬化和骨质疏松。我国环境空气质量标准规定城市地区日平均浓度 7 微克/立方米。

铅及其化合物（Pb）

指存在于总悬浮颗粒物中的铅及其化合物。主要来源于汽车排出的废气。铅进入人体，可大部分蓄积于人的骨骼中，损害骨骼造血系统和神经系统，对男性的生殖腺也有一定的损害。引起临床症状为贫血、末梢神经炎，出现运动和感觉异常。我国尿铅 80 微克/升为正常值，血铅正常值小于 50 微克/毫升。

4. 城市向环境污染宣战

世界上很多城市的空气，已经恶化到威胁人类身体健康的严重程度。由于城市扩张、交通发达、经济高速发展和能源过度消费，最近几十年来，城市空气质量虽然在局部地区有所改善，但是在全球范围内却是整体恶化了。世界上 1/2 的城市 CO（一氧化碳）浓度过高，12 亿多人口暴露在高浓度的 SO_2（二氧化硫）中，北美和欧洲多达 15% ~ 20% 的城市，NO_x（氧化氮气体）浓度超标。交通车辆排放已成为城市大气污染的主要来源之一。

西方发达国家在城市空气污染的控制及研究上走过了漫漫长路，取得了令人瞩目的成绩。笔者选择世界上具有代表性的六大城市，对其大气污染的状况、污染特征和治理大气污染的措施进行简要分析，帮助我们了解世界范围的城市生活状况，从而看清我们人类城市生活面临的环境危机。

清洁的生产和先进的技术，带领世界三大超级都市——伦敦、洛杉矶、巴黎走出了工业污染肆虐的年代。但三大超级都市远远未能走出城市空气污染的噩梦。因为它们几倍于其他国家的汽车拥有量和能源消费水平，使其污染超过了清洁的生产和先进的技术可控制的范围，严重的大气污染仍然困扰着它们。但生活在其中的人们强烈的环保意识和政府高额的环境治理资金投入，使他们有能力在治理污染方面仍然走在世界的前列。

英国伦敦——"大气污染阴魂不散"

早在 13 世纪，英国首都伦敦的大气污染就被记载于册，当时伦敦大气污染主要是由于石灰生产业造成的。17 世纪工业革命之后，随着煤、石油等矿物燃料的大量使用，伦敦大气污染日趋严重，终于在 1952 年 12 月爆发了有史以来伦敦最严重的烟雾污染事件，这次事件持续了整整 4 天，致使 4700 多人死亡，造成难以估量的经济损失。这次烟雾污染事件直接促成了 1956 年英国清洁空气法的诞生，清洁空气法使得民用污染源同工业污源一样受到限制。1972年伦敦政府还规定不准使用含硫量超过1%的煤。经过近半个世纪的努力，曾造成伦敦烟雾事件的煤烟型污染已渐渐隐退，伦敦 SO_2 的排放量大幅度降低，基本达到空气质量标准。但与此同时汽车尾气逐渐成为影响伦敦空气质量的最主要因素。据统计，伦敦道路交通比20年前增加了70%，然而同期道路面积仅增加10%，快速的交通增长不仅引起大气 CO 和 NO 浓度增加，还导致了二次污染物如 NO_2 和 O_3 浓度的增加，尤其在高温、阳光充足的天气里，在伦敦市中心臭氧浓度远远超过世界卫生组织（WHO）所制定的标准。

伦敦市政府对目前的城市大气污染问题予以相当的重视，将改善伦敦市空气质量作为一个长期的发展目标，制定了短期和长期的治理计划。短期内，目标之一是力争在20世纪90年代末将伦敦市的 NO_x 排放量较1987年减少30%。同时，在伦敦建设一个战略性的大气监测、分析系统，不仅监测伦敦市各种污染物的排放和大气浓度，而且要统计、评价伦敦市公众健康、交通效能的状况，经综合分析后供政府决策参考。而长期内，伦敦市一方面参考联合国欧洲经济委员会的可持续发展计划，谋求治理污染和经济发展协调的出路，另一方面决定对大气污染的治理措施作长期的评估，以检验措施的成效。具体措施有：

（1）监测措施：1993年2月伦敦建立了大气质量监测网络，从而更好地对各部门的数据、信息进行统一管理和综合分析。

（2）工业、生活污染治理：主要通过对这些污染源的持续控制，保证其减少排放污染气体。对燃煤和燃油的工厂一律采用除尘、脱硫装置；而对使用替代清洁燃料的居民采取补贴政策予以鼓励。政府通过逐步提高的排放标准来加强对这些污染源的控制。

（3）交通污染治理：1990 年的一项调查显示，如果将技术与减少私人汽车、增加公共交通政策相结合，那么汽车排污量将会明显减少。因此伦敦已经计划改革公共运输系统，包括增加地铁和公共汽车，鼓励骑自行车和步行。同时对机动车采取防治措施，如限制汽油的含铅量，安装 NO_x 的催化转化装置。

（4）资金投入：环境法要求工业部门、交通部门及政府部门都要为大气污染治理投资。这些资金主要用于改善交通工具技术和燃料，并奖励使用少污染燃料的企业。

煤烟型大气污染走了，光化学烟雾来了，大气污染还是不肯离开伦敦上空。伦敦控制大气污染的努力也不曾停止。

美国洛杉矶——"光化学烟雾肆虐"

地处美国加利福尼亚州的洛杉矶市，是美国汽车数量最多，气候变化最大的城市，这里发生的光化学烟雾污染事件使洛杉矶臭名昭著。经济的成功带来的过度消费，造成了洛杉矶市严重的空气污染。正当许多发展中国家为经济发展一筹莫展的时候，加利福尼亚州已经开始控制过度消费，提倡清洁生产，并鼓励更有效地利用能源。

美国洛杉矶市西临太平洋，东、南、北三面为群山环抱，处于西海岸气候盆地之中，大气状态以下沉气流为主，极不利于空气污染物质的扩散；而且常年高温、少雨，日照强烈，给光化学烟雾的形成创造了条件。各方面的不利因素使洛杉矶成为美国的"雾都"。洛杉矶市的 1400 多万人口，900 多万辆机动车和 4 万多家工厂对城市生活环境，尤其给大气环境造成了巨大的压力，尤以机动车污染为甚。1989 年秋，《洛杉矶时报》在

未来的城市生活

头版登载了一幅洛杉矶市郊高楼大厦轮廓线的照片，仅仅在 1 英里（约1.6 千米）左右的小山上才可以清楚地看见这些建筑物。当时洛杉矶市大部分时间里都被浅黄色的烟雾所笼罩。

洛杉矶市 55% 的 NO_x、77% 的 CO 是机动车尾气排放造成的。而全城70% 的地区经常浸泡在高浓度的尾气中。严重的机动车尾气污染在强烈的太阳光作用下又形成了更加严重的光化学烟雾污染。在洛杉矶市的严格控制下，光化学烟雾污染虽有所好转，但情况仍令人担忧。对此，加州为控制大气污染做出了许多创造性的努力，并成为美国战胜空气污染的实验基地。自从 1970 年颁布"清洁空气法"以来，尤其是进入 90 年代以后，洛杉矶市采取了大量的治理措施和控制办法。首先，在洛杉矶市出售的汽车必须是"清洁的"，而且要求 1994 年以后出售的汽车全部安装"行驶诊断系统"，实时监测机动车的工作状态，让超标车辆及时脱离排污状态和接受维修。而且，加州通过了比联邦还严格的污染防治法，引导并促使美国和外国汽车生产厂商改进汽车的排放性能。

在洛杉矶，虽然多数人仍然使用私人汽车作为代步工具，公共交通只处于次要地位，但洛杉矶市采取了包括增加停车收费等多种方式，以鼓励多人合乘一辆汽车，以减少公路上的实际行驶量和尾气排放。加州是美国第一个在燃料泵上装配橡皮套的州，套内的填充装置，可以减少汽油蒸气逸入大气。同时，加州是世界上利用风能和太阳能发电装置最多的地方，在替代清洁燃料的研究方面也处于领先地位。政府通过低息贷款和补贴的方式鼓励人们尝试使用清洁燃料的汽车。

具有 2900 万人口，人均一车的加州，素以重视法律、教育、大众文化而闻名，现在，同样以重视环境而闻名。这个"黄金之州"将有希望通过

16

长期的斗争而根治空气污染。

法国巴黎——"为艺术的清洁向污染宣战"

法国首都巴黎的空气质量也是每况愈下，其城市空气污染对人的身体健康的危害日益严重，患呼吸道疾病和其他疾病的人数明显增多。根据20世纪90代初的统计，巴黎 SO_2（二氧化硫）的年平均浓度为24微克/立方米，但短期内日均值可高达250微克/立方米；NO_x（氧化氮气体）年平均值为57微克/立方米，其浓度之高仅次于国内的里昂和南特；只有铅浓度控制在2微克/立方米以下。由于大气污染，人们有时不得不戴着防毒面具上街，街头上也竖立有出售"郊外空气"的自动售货机。每年有六七万巴黎人到远郊或外省另择新居。同时，大气中的污染物已侵蚀了包括巴黎圣母院在内的一批珍贵建筑物的彩色窗户、壁画和雕刻。SO_2、NO_x 等污染物在这些历史遗迹上留下了令人心痛的痕迹。

应当说，法国是世界上能源结构比较合理的国家之一。巴黎市的主要能源来源是核能，因此煤烟型污染几乎已经被根治了。但是像巴黎这样的世界大都市，空气环境污染问题并非主要出自工业生产，其空气污染的"罪魁祸首"是城市内过多的汽车。

巴黎市已将治理空气污染，改善巴黎生活环境作为城市建设的重点工程，制定了行之有效的管理措施和经济手段：限制机动车数量，尤其是限制 TAXI 的数量；当空气质量为二级时，汽车根据牌照的单双号交替行驶，当空气质量达到三级时，凡可能造成污染的车辆都严禁上街；鼓励人们乘坐公共交通工具，空气质量凡在二级以上时，所有公共汽车和地铁的票价都要降低。

此外，巴黎还采取一系列交通工程措施，希望从根本上解决汽车污染。

（1）开辟自行车车道，提倡人们骑自行车。

（2）开展"无车日"活动。在今年的"无车日"那天，马路上奔流不息的车流不见了，取而代之的是那些步行者、骑车人和脚踏旱冰鞋的男女青年。巴黎市长让·蒂伯金也跨上了自行车，骑着它到市政大厅去上班。

（3）将巴黎的车辆逐步改换为电动车或浓缩天然气汽车。巴黎市还计划在三年内将巴黎所有的公共汽车全部改成无污染汽车。为此，市政府已决定每年投资6000万法郎。

巴黎还计划拓展地铁和增开公共汽车线路，进一步完善巴黎的公交覆盖网，并拟恢复有轨电车。巴黎大都市区新的总体规划中，将2/3的投资拨给以公共交通为方向的交通基础建设，只有1/3的投资用于道路建设。巴黎，欧洲的艺术之都，当我们流连于艺术的长廊中时，希望可以同样陶醉在清洁的空气中。

在雅典、圣保罗、墨西哥城这三大城市，人们对恶劣的城市空气质量的忧愁也紧紧伴随着经济发展成功的喜悦，这三大城市是持续地坚决治理空气污染还是一味发展经济对空气污染则听之任之，不同的城市面临着不同的选择。

希腊雅典——"雅典娜女神难以战胜大气污染恶魔"

希腊首都雅典，爱琴海上的璀璨明珠，欧洲文明的发源地之一，世界闻名的旅游城市。但在现代文明的冲击下，古老美丽的雅典也不可避免地受到城市空气污染的困扰。像洛杉矶一样，强烈的日照、终年的高温和微风的天气条件加剧了城市空气的恶化。

雅典由于其特殊的气候和日照条件，成为光化学烟雾严重污染的城市。根据雅典市内 4 个观测站 90 年代的监测结果，雅典市区内 CO、NO、NO_2 和 O_3 四种主要污染物的大气浓度都有不同程度的超标。其中 CO 的平均值超过了 10 毫克/立方米，NO 和 NO_2 的平均值分别为 280 微克/立方米和 210 微克/立方米，最高浓度分别达 620 微克/立方米和 410 微克/立方米；另一种污染物 O_3，在市区的局部地方浓度的最高值达 390 微克/立方米，市区内平均值也有 120 微克/立方米。不难看出雅典的光化学烟雾污染已达到相当严重程度。

像其他高度现代化的大都市一样，雅典大气污染的主要来源也是汽车尾气的排放。据统计，雅典市大气中 90% 以上的 CO、75% 的 NO_x、64% 的黑烟和 66.7% 的 VOC 是由汽车排放的。雅典拥有 80 万辆以上的汽车，部分的车龄已超过了 10 年，包括 1.7 万终日行驶的出租车，5000 辆排污严重超标的私人客运汽车和 23 万辆摩托车。同时，工业排放的 NO_x 也逐年上升。

为避免严重的污染对旅游业的冲击，保护雅典古城的著名遗迹和人民健康，雅典市政府采取了一系列的措施以期控制城市大气污染。限制雅典市内汽车数量，鼓励购买尾气排放达标的汽车。一方面，雅典市的汽车购买税逐年提高；另一方面，凡购买达到排放标准的汽车，政府通过津贴形式，减免 50% ~60% 的购买税，且免付 5 年的养路费。对在用车，通过补贴和减免 2 年养路费的刺激方法，鼓励其改装环保燃料发动机和使用无铅燃料。现在已有 35 万辆汽车改装了发动机或使用无铅燃料，占雅典市汽车

未来的城市生活

保有量的 44.1%。同时雅典市政府双管齐下，加强控制污染燃料和无铅汽油的使用和销售，以期从根源上遏制污染物的排放。作为对另一大污染源——工业 NO_x 排放的治理，雅典采用了欧洲广泛使用污染气体排放许可制度，多排放的部分必须支付昂贵的费用。

令人担忧的是上述措施执行不力。由于对私人客运的高昂税收占雅典市每年财政收入的很大比例，从而使对占相当污染份额的私人客运汽车的污染治理举步维艰。而控制汽车数量所减少的 NO_x 排放，又不足以抵消工业每年增长的排放量。因此除了大气中 VOC 的浓度持续下降外，NO_x、O_3 等主要污染物浓度在 1993、1994 年短暂下降后又开始回升，已恢复并超过了 90 年代初的水平。

看来，"雅典娜女神"想降服空气污染这个恶魔，不是朝夕间可以做到的。

墨西哥城——"白色云层笼罩的城市"

墨西哥城被公认是世界上人口密度最大，也是污染最严重的城市之一。近 2000 万人口、3.5 万家工厂和近 300 万辆机动车使城市大气污染常年超标。最严重时，墨西哥城不得不宣布进入"环境紧急状态"。由 SO_2、O_3 和煤烟构成的白色云层笼罩全城，居民呼吸困难，头痛恶心，不得不戴防毒面具上街；学校停课，让学生们躲在家里以躲避市区内恶劣的空气。另一方面，墨西哥城位于海拔 2250 米的高原，使同样数量的污染物在墨西哥城表现为更高的浓度和更大的危害，这是雪上加霜，我们不禁为生活在那里的人们感到担忧。

墨西哥城市区内机动篷车、出租车和小公共汽车充塞街道，其燃料又以含铅汽油和高硫燃料为主。20 世纪 80 年代末汽油中含铅量为 0.14 ~ 0.28 克/升，直至 90 年代初，虽已降至 0.08 ~ 0.15 克/升，但低铅燃料也只有装有催化转化器的小汽车使用。市区内至少有 2.7 万辆高污染的机动篷车在行驶。且墨西哥城的机动车平均寿命几乎达到 10 年，而其中 60% ~ 90% 的车辆严重缺乏保养。结果导致 1992 年该城竟有 358 天 O_3 浓度严重超标。其罪魁祸首，就是机动车尾气排放。虽然墨西哥城已开始对高污染车辆开始治理和技术改造，但 1995 年墨西哥经济危机影响了汽车现代化计划。城市大气污染始终未能得到系统治理。

但墨西哥城在治理大气污染方面毕竟付出了艰苦的努力。汽油无铅化在 90 年代有明显进展，80 年代墨西哥城汽油的平均含铅量达 0.28 克/升，其中无铅汽油的销售比例只有 2%，进入 90 年代后，汽油中含铅量逐年迅速下降，1996 年降至 0.0017 克/升，而无铅汽油的销售量却直线上升，1998 年达到总销售量的 48%。

墨西哥城采取的另一措施称"禁止运行"，包括两种类型。一种是对年检不合格和特别车辆的限行。例如，从 1992 年起，1986 年前的出租车和 1984 年前的小公共汽车都被禁止在主街区行驶。另一种类型也称"今天不驾车"，这项规定根据司机执照上的最后一位阿拉伯数字来暂停他在一星期中的某个工作日内的驾驶。在 1995 年，这一措施由于墨西哥城空气质量的恶化而得到了加强，改进后的方案称"两天不驾车"。当墨西哥城空气污染状况达到最高空气污染警戒线时，规定禁止全城 40% 排污严重的车辆行驶，只有公共汽车、低污染汽车和装有氧化型过滤器的卡车可以行驶。

同时，市政府规定，1985 年以前的出租汽车凡不能满足 90 年代新的

未来的城市生活

尾气排放标准的一律要报废。目前，已有 4.7 万辆陈旧的出租车被安装了催化转换器的新车所取代。此外，1977 年前的旧式卡车也必须用装有尾气控制装置的卡车所取代。

墨西哥城一向被看作是过度城市化下大气污染恶化的典型例证，我们寄希望于墨西哥城政府采取综合、长期的措施，早日扭转这一局面。

巴西圣保罗——"抗争空气污染的斗士"

巴西圣保罗市一直被认为是巴西污染最严重的城市。大气污染物经常超过空气质量标准，其古巴陶区甚至一度被称作"死亡区"，而现在鸟儿又回到它们离开 20 余年的林中，附近的农作物和果园又开始郁郁葱葱。人们对圣保罗的看法恐怕要改变了。

圣保罗市目前工业排放污染物很少。由于 20 世纪 80 年代实行了有效的工业污染控制项目，用法律的强制性手段保证了工业的低污染排放，圣保罗市的石油化工、钢铁工业和化肥厂排出的污染物减幅尤其明显，其硫化物、磷化物排放量由 80 年代的 236 吨/日直线下降到现在的 71 千克/日；而圣保罗市的污染物总排放量由 80 年代的 573 吨/日降至现在的 199 吨/日。且圣保罗市的许多大公司也建立了环保机构负责本公司的防治污染工作。

为控制城市交通污染，圣保罗市采取了多项措施，使用清洁燃料是圣保罗市交通污染治理的一个特色。圣保罗乃至整个巴西的机动车燃料主要是汽油、柴油及酒精汽油和乙醇两种相对清洁的替代燃料，圣保罗地区 49% 的轻型机动车使用乙醇作为燃料，另有部分轻型机动车使用 MEG 混合燃料（含 33% 的甲醇、60% 的乙醇和 7% 的汽油）。事实证明，无论哪种替代燃料都可以大大减少污染量排放。同时，巴西的汽油中铅含量逐年降低，现在圣保罗市的汽油生产中已不再使用铅了。

圣保罗州秘书处正在为圣保罗市准备一个融交通运输、土地利用和空气质量监测为一体的计划。圣保罗市计划并着手加大地铁建设，并准备将铁路和地铁连接起来，严格控制市内巴士路线，并吸纳私人资金进行城市道路与环保建设。此外，还将建立一条外环线连接高速公路，以避免高污染的长途运输卡车进入圣保罗市内。基于以上措施，圣保罗市的空气相信会有一个明显的好转。

中国的大城市在 20 世纪 70 年代还拥有较好的生活环境，蓝天碧水、空气清新。而经济发展到今天，中国至少有 5 个城市名列全球前 10 名污染最严重的城市，全国 500 多座城市中大气质量符合世界卫生组织卫生标准的不到 1%。我们为自己的不科学的行为付出了沉重的代价，但我们不会任凭城市空气污染继续肆虐。

5. 未来城市生活的畅想

生活在现在的大城市中，处处可见的高楼大厦，层层叠叠的高架桥，熙熙攘攘的人群，路边那些许花花草草，早已被忙碌的人们遗忘，烈日洒下的阳光让人无处可逃，这无不是人类梦想的地方。2010 年世博会将在上海举行，到时候，有近 200 个国家会来上海向大家展示他们未来的城市生活。我们相信随着科学技术的发展，未来的城市会有许许多多新鲜的事物，来改善我们的城市生活环境。

首先，未来的城市，将在一片绿地上建起，道路、楼房都是那巨大绿

23

未来的城市生活

色上的点缀。整个城市就像一座大花园，路边桃红柳绿，鸟语花香，翠绿的树丛中五颜六色的果实十分诱人，鸟儿和小动物是我们的好朋友，不再生活在笼子里。不像现在这样，住宅楼一出来还是水泥地，只有远远处有一个小区花坛，稀疏地长着一些被设

未来城市展望

计好的植物。将楼和道路以外的地方都种上草，这样，人们走出家门，就直接来到柔软的草甸上，不用忍受水泥地、柏油马路那种蒸腾的感觉。这大概需要培育一种比较顽强的草种，不怕压、不怕踩，覆盖在道路和建筑物的周围的所有地面上。这样我们就不用抱怨，城市的绿化太少，环境不好了，大片的草地会帮我们净化掉汽车的尾气、工业的污染。

城市生长在绿地上，这样孩子们就有更多的空间玩耍，放风筝、做游戏，就算是跑跑闹闹也会让他们的童年更加丰富多彩。大片的草地上会栖居很多生物，这样就不会再听到小朋友们用那稚嫩的声音问：蚯蚓是什么样子的？蛐蛐到底是什么？他们将在生活中认识这些小动物，了解地球上其他生物是如何生活的，也为地球上的生物提供多一点能生存的环境。

另外草地对能源储备也起着极大的作用，草储存太阳能，把太阳能转化为化学能，进入能量循环。在世界化石能源日益匮乏的今天，能源的保持对于每个国家来说都非常重要，绿色植物这一储存能量的功能，应该在未来发挥出它的巨大作用。

其次，要让城市里的人生活得更加方便自如，城市交通系统至关重要。怎样让我们的草原城市梦完美地实现，交通方面有着不可或缺的作

24

用。拥有机动车辆的城市和不拥有机动车辆的城市相比，至少应当同样方便。因此，未来城市优先发展的重点是公共交通、步行和非机动车辆，因为这些交通工具人人都可以享用又不会带来后遗症。有资料显示，全世界每年因交通事故而死于非命的有 100 多万人，还有超过 300 万的人则被包括机动车尾气在内的空气污染夺去生命。在一个草地覆盖的城市中，虽然空气可以得到净化，但是车多了，还是会有很严重的污染。人类渴望一个与自然和谐共处又方便生活的交通系统。

"我们需要行走，不仅为了生存，而且是为了快乐"，在未来城市里，健康的自行车交通将占据重要地位，遍地都是的绿地会给大家带来阴凉和赏心悦目的景色，而不是如今的尾气。当然长途交通系统也要非常健全，所以轻轨系统和地铁系统也都很完备。马路清洁、不拥挤，路边没一根电线杆，大空中也没有蜘蛛网一样的电线，抬头望去就是绿树和蓝蓝的天。所有的汽车都是太阳能的，开起来也不会排放废气，空气中有一股清香的味道。

人类未来的城市生活将充满绿色，现代感十足的人造工程很好地融入到自然之中，让城市中的人感受到地球上其他生物的魅力，让孩子们有安全舒适的地方嬉戏，让老年人有健康绿色的地方散步，让年轻人有生机勃勃的地方锻炼身体。

未来人们生活将十分方便，生病了不需要去医院，只要在家打开电视，医生就可以直接给我们看病、治疗；我们穿的衣服轻巧、漂亮，而且春夏秋冬自动调节温度，也不会脏，妈妈很高兴。

未来的城市，就如同我们小时候的画一样，将在绿色中体会生活的真谛，真希望那样的日子早日到来。

未来的城市生活

第一章　未来的城市空间

　　城市生活空间实质上就是城市人居环境，它是城市中各种维护人类活动所需的物质和非物质结构的有机结合体——以人为中心的城市社区环境。它不仅包括住宅质量、基础设施、公共设施、交通状况以及建筑与环境的协调、空气质量、绿化美化、卫生条件等硬件设施构成的硬环境，而且包括家庭氛围、邻里质量、居住区和谐、安全归属感、社会制度和秩序、人际关系等心理感受构成的软环境。

　　关于城市生活空间的研究，始于 20 世纪 30 年代，当时主要描述城市社区的生活方式和居住形式。第二次世界大战结束后，希腊学者道萨严迪斯，最早赋予城市生活空间科学内涵，首次提出了"人居环境科学"的概念。之后由于城市生活空间质量下降，严重影响了居民的身心健康，美国民众开始关注城市生活空间质量，这掀起了城市生活空间规划和设计的浪潮，从而使美国在城市生活空间研究上走在了世界的前面。

　　目前，我国城市生活空间规划的理论主要源于西方，通过对西方等理论的研究，寻找出其符合我国国情部分用于指导我国的城市生活空间规划，即以

"人"为本创建城市社区和以"自然"为本创建城市社区环境。居住生活环境、城市基础设施的规划、协调持续发展对城市社区可持续发展影响深远，不仅影响着城市生活空间的规模，而且直接影响着城市生活空间的质量。自然环境是城市存在和发展的基础，随着工业化文明日新月异的发展，城镇化进程不断加快，城市生态环境与人类的生存与发展、健康与幸福日益密切。

城市生活空间及其结构是随着社会、经济、科技和城市化的发展而不断发展变化的。在人类社会发展过程中，城市一直是平面的，近代出现了"立交桥"、地铁、地下商业街、过街天桥、过街地道等。未来城市必须面对和解决人口众多、劳动生产率高、社会集约化程度高等诸多问题，未来城市必将在高科技的支持下从平面向空间发展。因此，人类必须合理有效地开发利用城市空中、地下空间资源，提高空间质量，实现城市人口、资源、环境协调发展，从而实现信息化、网络化、完全生态化的目标。

中国改革开放20多年来的工业化浪潮，在促进经济社会高速发展、人民生活水平显著提高、综合国力明显增强的同时，也带来了环境污染、生态恶化、资源制约等问题。为了未来的生活空间和生活质量，再也不能以牺牲环境作为代价。生产的终极目的是为了生活的质量，而环境恶化后的富裕最终带来贫困。环境质量决定了我们未来的生活空间和生活质量，从今往后，环保将成为我们日常生活中不可回避的核心话题。

1. 未来城市空间布局

随着城市化水平的不断提高，城市地面空间拥挤、交通阻塞、环境恶化、资源匮乏等问题已越来越突出。城市立体规划是对传统平面规划的超越，不仅仅是空间合理利用的问题，更是现代综合规划的理念。要解决城市建设与土地资源的矛盾，其中一个主要解决途径就是向空中、向地下要空间，进行城市高层建筑布局、城市空中地下空间利用等多项研究。向高空要空间、向地下要空间，已成为增强城市功能、改善城市环境的必要手段。

未来的建造是奇妙的。想知道你未来住的地方是什么样的吗？也许是天空，也许是海底；也许是高耸入云的高楼，也许是占地广阔的园林。这一切并不遥远。

城市空中空间

超级城市是城市学的新概念之一，用来描述高人口密度的城市规划和立体化的城市经营模式。建设超高层建筑一方面有利于充分利用有限的土地资源，在控制建筑总量的前提下尽量为城市多留一点公共开敞空间，另一方面有利于塑造现代化的标志性城市景观，较快地提升城市形象。你能想象出未来空中的建筑吗？现在人类对未来的设想早已远远超出大家的期望！

我们现实中已经存在的"空中体育场"可谓是向未来空中建筑迈出的一小步。它就是近在我们身边的北京市第八中学空中体育场。

受校园面积限制，没有独立的标准操场，学生没有地方锻炼身体，这是目前摆在很多学校面前的一道难题。但是，这道难题在北京八中得以破解。该校最近建成并投入使用一座新体育馆。这座体育馆的特殊之处在于，它有一个距离地面 5.2 米高的全国首座空中体育场。该空中体育场由 13 根大跨度混凝土梁柱支撑起，地上有 1 层，地下有 2 层。最上层已经作为学校操场开始使用，还有 400 米标准跑道和一个标准足球场。地下 1 层为停车场，建有一条宽 8 米、长 130 米的田径训练跑道。地下 2 层为 4 个

28

篮球场和2个羽毛球场地，还可以作为临时舞台和会堂使用。

空中体育场破解校园运动空间狭小难题

未来还会有哪些你意想不到的空中建筑呢？以下即是世界各国的大胆创意！

美国工程师已经设计出柱筒状海上家园！据美国《连线》杂志报道，如果硅谷的百万富翁们愿意慷慨解囊，几年之内，我们将对世界公民这一概念有一个全新认识：如果可能的话，一批新世界公民将生活在永久性漂浮在公海之上的半独立国家。这听起来似乎是视频游戏《生化奇兵》中的场景，但海洋家园研究所并不是在玩游戏。作为创建深海城邦（或者说海洋家园——位于公海上的居住区）的第一步，它计划于未来两年在旧金山湾打造一个原型。

美工程师设计柱筒状海上未来家园

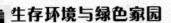

未来的城市生活

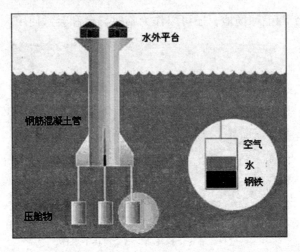

未来海上家园示意图

海洋家园可能成为一个乌托邦式的社区，主要针对渴望生活在民族国家之外的富人，海洋家园研究所创始人——谷歌的帕特里·弗莱德曼（Patri Friedman）和半退休的韦恩·格拉姆里奇（Wayne Gramlich）详细阐述了建造海上家园的想法。弗莱德曼和格拉姆里奇希望斥资几百万美元建造出第一个原型，方式是对现有的海上石油钻塔进行改建并按比例缩小，他们的这种设计被称为"柱筒式平台"。基本上说，海洋家园由一个钢筋混凝土管组成，管的底部外挂镇重物，镇重物中装有空气或者水，用于升高或降低生活用平台。由于将暴露于海浪影响范围的建筑部分降至最少，柱筒式设计可帮助离岸平台在更大程度上低档大海浪冲击。在未来的海上家园，每名居民的基本生活空间可达到 300 平方英尺（约合 27.87 平方米）左右。这个生活空间将位于管中，平台顶部则建有建筑物、花园，并安装太阳能电池板、风力涡轮机以及用于访问网络的卫星。随着世界人口迅猛增长，如何在相同的空间里安置更多的人，这是摆在世界各大城市的一个难题。在以下象征未来的世界七大空中城市的设计构想中或许能找到部分答案。

　　福斯特建筑事务所的水晶岛（Crystal Island）项目日前刚刚从莫斯科当局获得初步设计许可，将在离克林姆林只有4.5英里（约7.2千米）的纳加蒂诺半岛上建造。水晶岛高1500英尺（约合457米），是一座实现自给自足的城市，占地面积0.96平方英里（约2.5平方千米），是美国国防部所在地五角大楼的4倍，将拥有多种用途。这座巨型建筑物有900套公寓，可供3万人居住，同时还拥有3000个酒店房间，设有电影院、剧院、购物中心、健身中心和容纳500名学生的国际学校。从980英尺（约合300米）高的观景平台俯瞰，游客可以看到莫斯科大街小巷。建成后，莫斯科水晶岛将拥有世界上最大的中庭之一，这个中庭将在夏季开放，届时可以调节大楼内500英里（约800千米）高处公共空间的温度。

莫斯科水晶岛

　　东京清水TRY 2004巨城金字塔的高度是埃及吉萨大金字塔的12倍。埃及吉萨大金字塔高6574英尺（约合2003米），占地面积3平方英里（约7.8平方千米）。整座建筑共有8层，相互堆叠而成，总面积估计达到34平方英

31

里（约88平方千米），每一层都由几个更小的金字塔构成，每个大概相当于拉斯维加斯卢克索酒店那么大，一至四层专门用于住宿和商业活动，五至八层用于休闲和娱乐等社交场所。

清水"空中城市"可容纳75万人，相当于东京1200万总人口的1/16。解决那么多人的出行问题是一个巨大挑战，不过，便捷的交通运输系统以及快速移动的人行道和电梯网，通过55个交通枢纽将整个城市连成一片，不仅实现了零碳排放，还有效解决了居民出行问题。这座超级结构的外立面覆盖光电涂层，可以将阳光转换为电，从而为更为绿色的城市作出了贡献。

东京清水 TRY 2004 巨城金字塔

东京 X－Seed 4000 摩天巨塔作为一个建筑学构想，最早于1995年提出，当时的初衷是吸引外界对提出这一宏伟蓝图的设计者的关注。尽管如此，我们仍认为 X－Seed 4000 堪称非凡的建筑设计，即便它可能永远地停

留在绘图板上，无法成为现实。X－Seed 4000 摩天巨塔楼高 13123 英尺

（约合 4000 米），即便是富士山也在它面前黯然失色。富士山的标志性外形向来被建筑师们誉为给他们的创作灵感来源。

这座超级结构造价 1 万亿美元，形似帐篷由巨柱支撑，每根柱子都可以住人。X – Seed 4000 摩天巨塔共有 800 个楼层，占地空间为 26 平方英里，可以让 50 万 ~ 100 万人在此安居乐业。当然，我们还需要开发出各种各样的技术，才能让这种停留于绘图板上的庞大计划成真，这个建设项目包括新一代便捷交通运输网、高速电梯和一套可以减缓整幢大楼内温度、风速和气压等巨大波动的系统。

X – Seed 4000 的能量供应完全来自于太阳能，不过目前尚不清楚太阳能是由覆盖于外立面的光电板产生，还是来自于新一代薄膜太阳能电池板。大楼内部确实会遵循的人类与自然和谐共存的建筑原则；正如上图所示，楼内不缺乏绿色植物。问题是有谁愿意长年生活在 2.5 英里（约 4 千米）高的庞大建筑物的阴影下面？恐怕那只能置放金属吧。

东京 X – Seed 4000

东京空中之城 1000（Sky City 1000）是一座 3280 英尺（约合 1000 米）

未来的城市生活

高的城市，整座城市可以实现自给自足，最早在1989年由Takenaka公司提出，以帮助恢复东京城市 交通拥堵地区的绿地。如果Takenaka公司解决东京交通问题的方案最终通过，我们也许会看到一座完全符合构想的城市在东京拔地而起。空中之城1000由14个玻璃层保护的平台构成，占地面积达到3.1平方英里，将拥有大片的绿色空间。

整幢大楼拥有多种用途，可容纳常驻居民3.6万，工人10万，并有广阔空间可供办学校、开商场、建影院等。目前新一代三层电梯正在研发之中，将成为空中之城1000运输系统的支柱，人们从底层到顶层只需短短2分钟。理论上，空中之城1000可以将土地重新回收利用变成绿化空间，缓解人们经常在东京看到的高温状况。目前，这一项目尚处于提议阶段，但东京当局对其相当重视。空中之城1000或许会成为世界上第一个生态城市。

东京空中之城1000

日本东京千年塔高2755英尺（约合840米），外观呈现圆锥形，1989年是由福斯特建筑事务所最早提出，用以解决东京开发用地短缺和人口过剩问 题。按计划，千年塔（Millennium Tower）将建在距东京湾1.2英里

（约1.9千米）处的海岸边，有170层楼那么高，占地面积0.4平方英里，可用于商业和居住。千年塔可以容纳6万人，有一条高速地铁网，每次载客量为160人，保证当地居民正常出行。千年塔每隔13层都设有一个交通中转站，公交系统连接这些交通枢纽，乘客可在这些中转站上下车，或转乘电梯和移动人行道。千年塔的风力涡轮机和安装在上层的太阳能电池板可以为整栋建筑提供可持续能源，是目前提出的最环保的理想城市设计方案之一。

东京千年塔

美籍华裔建筑师、城市和区域规划师崔悦君（Eugene Tsui）以他对于未来派巨型建筑体的热情而著称。崔悦君设计的终极塔楼（Ultima Tower）高2英里（约3.2千米），可以应对寸土寸金的旧金山的人口激增问题。设计构想中的终极塔楼有一个直径6000英尺（约合1830米）的基座，覆盖总共53平方英里的空间，有500层楼那么高，从远处望去，就像一个巨大的圆锥体。崔悦君的"终极塔楼"展示了一个能容纳100万人口的垂

未来的城市生活

直城市的设计构想，满足甚至 超越了之前任何类似的设计方案。

终极塔楼的外立面安装太阳能吸收板和风力涡轮机，并采用一种称为"大气能量转换"的技术，利用楼顶和楼底之间的压差发电，为这座未来派巨型建筑提供常 年稳定的能源，同时对环境不会造成任何破坏。一旦建成，终极塔楼在 100～165 英尺高的楼层设有开放的绿化空间，特有的叠层设计使人身处这样的高度时，有一种开阔、敞亮的感觉。值得一提的是，尽管终极塔楼高达数千米，但乘坐速度达到每小时 3 英里的电梯，客人用不了 10 分钟就可以从楼底升到顶层。

旧金山终极塔楼

超群大厦（Bionic Tower）是一个垂直城市的设计构想，引起了香港和上海两地的浓厚兴趣，这两座城市的人口密度都相当高。如果这一设计方案最终通过，那么将有一座高 3950 英尺（约合 1200 米）、内部总面积达 0.8 平方英里的摩天建筑在香港或是上海的土地上拔地而起。超群大厦有 300 层楼那么高，将建在一个和内陆相连的，面积约为 0.4 平方英里的人工岛上，让 10 万人在此安居乐业。香港和上海都是世界上人口密度最高的区域，超群大厦建在这种城市，造价会是多少呢？答案是 150 亿美元。

超群大厦

城市地下空间

城市是由地面、地上、地下三维空间协调扩展而成。为推动城市经济、社会环境协调健康发展，大力开发城市的地下空间对城市发展具有十分重要的意义。

随着工业化进程不断加快，城市日新月异的发展，地上空间逐渐被高楼和道路蚕食，现代化都市，特别是城市中心区域不可避免地出现了城市化进程快速推进与有限土地资源之间的矛盾，这种矛盾使人们日益认识到城市地下空间是一种宝贵的资源，扩张地下空间就成为一个城市自我发展的重要方向。城市空间发展，应当从过去主要向四周扩展和兴建大量高层建筑转到重点开发利用地下空间的轨道上来。有人说，19 世纪是桥的世纪，20 世纪是高层建筑的世纪，21 世纪是开发利用地下空间的世纪。城

37

市建设应当顺应城市空间发展的这一趋势，结合城市建设的新要求，突出抓好城市地下空间的开发利用。开发利用城市地下空间对发展城市经济、改善环境、方便人民生活必将起到积极作用。于是，城市建设从传统走向现代，从地上转向地下。

只有开发利用城市地下空间才能缓解城市空间发展的突出矛盾与问题。靠向城市周边地区扩展，会受到有限的土地资源的制约和现行体制的限制。而向高空发展，建高层、修高架路和立交桥，又会加重城市空间密度，使城市空间发展逐步走向恶性循环。因此，最明智的选择是转向开发利用地下空间。地铁、地下商场、地下商业街和地下停车场等项目改善了城市地面环境，保证地面有更多绿地、可以建更多广场，缓解了市内交通的拥挤状况，促进了城市经济发展。今后，随着城市地下空间开发的大规模展开，开发利用内容的扩大和综合利用地下空间设施水平与效率的提高，城市环境将会得到进一步改善。

我国大多数城市地下空间的利用基本还停留在停车的功能上，这是远远不够的。国际大都市历来十分重视城市地下空间的开发利用。东京、纽约、巴黎等世界级城市，用几十年甚至上百年的时间，构筑了一个以地铁、隧道为重要组成部分的地下空间网络，不仅缓解了人口增长带来的交通压力，也带动了沿线经济活动的繁荣。西方发达国家地下空间的开发利用有着悠久的历史。1860年伦敦开始修建世界上第一条地铁，现在世界开通地铁的城市已达100多个。伦敦地铁总长400千米，每天运量300多万人次。巴黎的地下城称为地下水道，可行船，并有地铁以及70多个车站，仅地铁就有14条线路，交织成网，总长200多千米，车流间隔80秒，每天运送480万人次。除地下交通外，地下商场、地下停车场、地下广场也是城市地下空间开发的重要内容。例如，日本全国每天 1/9 的人口要光顾地下商业街。这些地下项目的开发利用，为地面留出了更多的绿地和广场等休闲场所，保证了城市各部分之间联系的方便快捷，在提高城市居民生活质量、提升城市品位档次的同时，也扩大了服务业的规模，增加了就业渠道，促进城市经济的快速、健康发展。

城市的地下空间不是孤立的，不是仅仅作为大仓库，而是跟整个地上空间有机合一，每一个楼层地下的空间不是间隔的，而是连通在一起，其功能和美观都实现了与地上空间的统一。地下设施一经建成，对其再度改造与改建的难度是相当大的；另一方面，由于技术和自然地温的原因，不可能向地下无限开掘，需要有良好的施工技术付诸实施。地下空间一旦开发利用，就不能推倒重建，具有不可再生性。城市地下空间属于城市宝贵的不可再生资源，地下空间必须有一个前瞻性的整体规划，应当有计划、有步骤、合理地加以开发利用。

美国南部大城市休斯敦的地下空间开发就值得借鉴。休斯敦中心区的地下，楼与楼、街与街之间已经形成了一个地下网络，由于标示清楚，其步行没有交通干扰，反而比地面方便。目前许多城市地下空间开发利用基本上处于空白状态，未来城市必须进一步加大综合、科学、经济、合理、高效地开发利用地下空间的力度，建成一个纵横交错、功能多样、分工有序的多层次、立体式地下空间，形成一个统一、集约、高效、便捷的公共空间体系，这也必将是一个高效、智能、生态、人性化的地下空间。

未来城市对地下空间开发有以下几种形式：

地铁——目前，很多科学家、城市规划建设者、政府官员，都认识到百万人口以上的大城市要解决客运交通问题必须规划建设地下铁。

伦敦、巴黎、东京、纽约的地铁已经编织了一个非常完备的地下交通网络图。

道路隧道——现在发达国家已经在地层的深处建构地下高速公路系统。加拿大蒙特利尔大搞地铁的同时，还在建筑物的底下建构了完整的人行步道系统，帮助市民度过漫长的冬天。

立体化双层城市——从 20 世纪 60 年代开始，人类把城市的各种功能性设施全部转移到地下，地面留给市民，地下有地铁、商业街、下沉式广场。地下街是日本人发明的，即地下街道。它把过街的人行通道和沿街布置的商店及停车库、地铁换乘站，有机地组合在一起，放入地下。多伦多的地下街就形成了一个地下城市空间。

科学研究与地下空间利用——美国的明尼苏达大学建造了一个距地面30 米的空间研究中心。该中心一个很重要的研究，就是把地面的景色、地面的阳光、通过折射、反射系统，传送到地下去，让地下 30 米深处生活学习工作的人，感觉到地面的景色。

城市多功能区

城市化和信息化是当今世界城市发展面临的两大主题，这两个过程是相互作用、彼此促进的。信息及其网络已经渗透到城市的交通、居住、工作和游憩等各个领域，传统的城市功能正在发生深刻的转型。工业时代，由于工业污染使城市有明显的功能分区，人们每天的生活都由各个分区中的片段穿插起来组成。网络时代，家庭办公、电子购物、网络会议、网上学习等新的工作和生活方式的产生，使得商业区、工业区和居住区在一定程度上相互融合。集居住、工作、休闲于一体的网络化多功能社区将会出现，人们可以轻松地完成工作、娱乐以及购物等活动，不必成天在拥挤的城市之中穿梭。这样，各个功能区之间的边界变得模糊。

所谓"城市综合体"，是将城市中的商业、办公、居住、旅店、展览、餐饮、会议、文娱和交通等城市生活空间的三项以上进行组合，并在各部分间建立一种相互依存、相互助益的能动关系，从而形成一个多功能、高效率的综合体。这就是未来城市的发展模式——多功能城市。

自从城市产生，人类就不断地探索理想城市的发展模式。历史上最为著名的，对于现在城市规划设计影响最大的关于城市形态的论述莫过于霍华德的田园城市。霍华德指出，建设理想的城市应该具有城乡二者的优点，使得城市生活和乡村生活像磁力那样相互吸引，同时他还提出了城市过度发展后疏散的思想。这些思想具有很强的前瞻性和生命力，为以后许多的城市设计师所采纳和遵循。

现代大部分的城市发展模式还是遵循了城市规划和发展是要处理好工作、游憩、交通、居住四项基本功能的观点，城市的各个功能分区明确，现在不少城市都形成了城市中相对独立的功能分区。鉴于交通技术的突飞猛进，不少人认为，地域上的距离不会使得各个功能区块间产生隔阂，可以通过高速公路、铁路来彼此衔接各个区块。究竟这些做法正确与否，现状给了我们很好的答案：教育区块和城市其他区块的衔接不紧密，公共交通无法跟上导致了教育区中人流的出行难。现在许多高教园区交通设施的建设是一种高投入的被动的建设，每逢节假日和学期结束时拥挤不堪的公交车和连绵百米的等车队伍就是对此很好的诠释；区块的分离导致原来在城市内部的可以为其提供服务的配套设施不得不进行重复建设，但现状往往是这种建设根本没有跟上，学生要买本参考书，不得不坐近一个小时的汽车回到本部附近的书店去购买。至于居住，功能分区导致的后果更为严重，居住区和工作区（往往是商业和工业区）的分离导致的交通成本的提高，使得工薪阶层的家庭根本没法享受到规划者所认为的最为适合居住的场所，而市区虚高的房价更是使得广大老百姓无所适从。以上这些，都是现代的城市模式对与每一个市民所产生的不利影响，而现代城市的发展模式对于整个城市来说也是非常不利的。

缺乏肌理的城市功能分区，简化城市的功能，这些在现代城市中被广为采用的城市发展模式已经越来越体现出其不利的一面。我们必须要寻求一种适合人们生存的，适应可持续发展的，真正体现以人为本思想的城市模式和形态。过于生硬的功能分区只会导致城市各个区块间可达性的下降，从而导致更多的人无法享受到城市中心所带来的功能。城市设计和建设的各个方面都应当考虑到所有人的利益，城市功能要满足富翁们的需要，也要满足老百姓的需求。高科技对城市形态和功能的影响越来越深远。科技的进步使得人类能够享受到更为优质的生活条件，而由于环保水平的日益提高，城市功能的布局也发生了变化。由于技术的进步，现代许多的工厂安静整洁，我们没有理由不把它们安置在相对靠近居住区的地方，这也为城市功能的多样化提供了条件。可见，传统的功能单一的城市将不适应未来的区域合作和发展，城市的弊病将越来越突出，这种城市也是必将被淘汰的。

我们可以得出一个未来理想城市的模式的初步定义：未来的理想城市是具有均一性、生态性、技术性，城市各个功能区块相融合的多功能的环境。

在提高市民的生活水平上，多功能城市将远优于现代城市。未来城市的模式能够保证居民到各个区块间有很好的可达性，但现代的城市规划中生硬的功能分区正好破坏了这种可达性。可达性的破坏势必导致了居民生活的不便，居民要享受到城市的功能，不得不花更多的时间成本和经济成本。而多功能城市的功能融合，使得城市各个部分的居民能够在最短时间内享受到最完善的城市功能服务，即使居住在分区的居民也能获得与老市中心同样的服务，因为多功能城市强调每个组团都是一个具备完善城市功能的区域。

多功能城市在经济上的独立性远大于现代的城市，这将消除城市间的等级制度，避免了大量的中小城市依赖于大城市发展的格局。大量中小城市依赖于大城市发展只会导致大城市的负荷不断加重，城市基础设施无法跟上社会需求，城市环境恶化，而大城市一旦出现衰败现象，整个区域就将出现危机。

多功能城市可以弥补现代城市发展中郊区化所带来的问题，如道路交通、公共服务等基础设施建设相对不足和落后，盲目的郊区化导致城市中心的衰败等等。而多功能城市的郊区化绝非简单的功能外迁或人口外迁，而是由于老城区承受能力达到极限后在其外围建立起来的新的城市乡村结合体，它应该既保留乡村优质的自然环境又继承了老城区的各项功能，进一步强调了新城区和老城区的联系，使得城市始终保持着一个整体发展的趋势。

未来的城市的机能不再是依赖大规模化，而是集聚并协调各个功能复杂的多变区域，以多元经济模式取代规模经济模式，城区功能多样化，城市多中心化，部分公共设施公共服务多价化，交通等基础设施网络功能强化，使得城市适应多样化的需求，从公共设施向个人化的设施与服务改变。建筑设计上，未来城市的规划倡导的是多元化的设计，为多元化的社会生活提供更为丰富的选择性。

迄今为止，世界上还没有一个真正意义上的多功能城市，但是一些新

43

区建设，如法国巴黎的德方斯新区的规划建设已经出现了未来城市发展模式的影子。巴黎的德方斯新区不得不让我们为其超前的规划设计、紧凑的空间安排、便捷的交通联系、完善的功能设置、高效的土地利用以及至今仍不落后的现代化水平所感叹。在功能布置上，德方斯采取了与现代主义功能分区所不同的方法。高层写字楼与低层的住宅彼此毗邻，使得这个新市区昼夜一样充满生气。在白天商业贸易的繁忙喧闹之后，晚上主要是文娱社交活动。在这里，人们可以找到城市中通常所见的各类建筑，如电影院、药房、旅馆、游泳池等；也包括其他各种新的设施，如艺术中心和业余活动中心、区域性商业中心、展览馆等。在一块并不大的区域，设计者将多种城市的功能有机地融合到了一起，已经有了多功能城市的雏形，是非常值得我们学习和参考的。相反，纽约的曼哈顿是商业金融中心，但它缺乏的是各种生活服务设施，导致经过白天的喧哗后夜晚的曼哈顿成为一座死城，这也是单一的城市功能带来的不良城市景观的例子之一。

城市是一个有机体，和生命体是一样的。而多功能城市所倡导的城市功能间的相互融合，正是有机的体现。一个城市不能缺少任何一种功能，只有像有机体那样各个部分、各个功能统一协调工作，才能使城市正常地运作和充满活力。

2. 未来的城市建筑

建筑是人类劳动实践的产物，而且随着人类文明的发展，人们对建筑空间有了理性的思考，开始主动地去创造建筑空间，以满足人类本身的需求。中国古代先哲们很早就提出了"天人合一"的思想，在建筑中则体现为建筑与自然的相近、相亲、相融。回顾中国建筑的历史，一座座水平延展的城市，一片片平房院落为主的建筑群，曾是中国人千百年来的理想居所。庭院生活对家居生活充分必要，将公共与私密空间，动、静区域恰到好处地分隔过渡，内外融合，形成了窗窗有景、家家有园的完美视野。这种人性化的舒适生活方式，是千百年来中国人所追求的。

住宅，是人为的生活空间环境，它反映着当时当地的社会物质文化水平和科学技术水平。随着社会的发展，人们对住宅设计提出了新的设想与新的要求，住宅的设计理论和设计方法在不断地更新。新的世纪已经来临，社会将向都市化、高龄化、信息化急速发展，人们在解决温饱问题之后，转向关心生存环境。人居健康问题的挑战引起了全世界居住者和舆论的关注，人们越来越迫切地追求拥有健康的人居环境，包括生理的和心理的、社会的和人文的、近期的和长期的多层次的健康。

在当今高密度的城市中，我们要面对一个根本性的问题——人口和土地。人口不断增多和聚集，城市目前面临的巨大的人口压力和土地紧缺的问题，高层住宅则是唯一的出路。虽然"住宅郊区化"可以作为这个问题的一种解决方式，但是发达国家对城市中心的回归已经告诉我们，只有在城市中保留一定的居住面积和人数，才能保证城市健康和谐的发展。因此如何在垂直延伸的高密度居住区中更大限度地引入自然空间，无论是对于现在还是将来，都是一项很有意义的工作。21世纪所有住宅的开发应该具有三个关键要素，即智能、环境与文化。用中国古代哲学的"天人合一"观点把以"人"为本和以"自然"为本创建社区有机结合起来，我们未来的社区应该是一种生成于环境，贡献于生态，返回于自然，亲和于人与社会的、人与自然和谐的"绿色社区"。方便、舒适、和谐是构建21世纪未来住区的主题，同时，

未来的城市生活

绿色住宅、生态住宅也是 21 世纪住宅的发展方向。

相对于建筑，室内设计与人的生活方式更加密切相关。今天的社会，已要求我们的设计师对人类的生活模式更加关怀。我国已进入老龄化社会，由于年老体弱而造成的行动困难，因而室内的安全保障设施及便捷良好的通讯设施成为室内的日常用具。今天的设计师应更多关注未来世界的变化，这些变化将改变未来人类的生活模式，从而影响设计的思维、法则。上海新近落成的浦东金茂大厦室内设计的成功应成为今天我们学习的典范。其酒店客房内办公桌上设置的 Intemet 网接口及更多的电源接口，都反映了酒店更加服务于日夜穿梭的旅行商客工作生活需求。而客房卫生间的盆浴与淋浴使用的互分，表明了设计师对现代人类自尊的更加珍重。客房衣橱可在走道及卫生间内两面开启方便了住客的生活起居。浦东金茂大厦室内设计的成功，并不仅仅在于其辉煌高耸的室内空间和代表着最新时代科技的装修材料，更在于其所证明的对现代人类生活模式的更多关爱，是一次设计理念的成功。

21 世纪将是一个城市化世纪，如果说 20 世纪的人们思考如何谋求生存的问题，那么 21 世纪将是人们追求生命质量提高的时候。相信，21 世纪的未来，人类生活方式的革命将对人生活息息相关的室内设计产生巨大震撼。但我们如果已准备好自己的知识，坚信室内设计将会给日益发展的人类社会创造更加美好的未来。室内设计将更加"以人为本"，给人类更多的关爱。

智能建筑

进入 21 世纪，科学技术将更为广泛地应用于各个领域，智能化建筑是当今的一大发展趋势，住宅也不例外。随着人民生活水平的不断提高，人们对居住舒适的要求也会越来越高，科学技术的发展要求未来小区和住宅拥有智能化系统的设备，故智能化住宅的发展前景是光明的，是住宅在功能方面的大势所趋。智能建筑的发展趋势则是以人为本、可持续发展、绿色、信息化与智能化结合。

智能建筑是以建筑物为平台，兼备信息设施系统、信息化应用系统、建筑设备管理系统、公共安全系统等，集结构、系统、服务、管理及其优化组合为一体，向人们提供安全、高效、便捷、节能、环保、健康的建筑环境。智能建筑在台湾和香港称为聪明型建筑或聪明建筑，它的出现绝非偶然，是科学技术的发展大势所趋和人们社会需求的人心所向两个因素促成的必然结果，是历史发展的必然。美国智能建筑学会（Intelligent Building Institute）指出："没有固定的特性来定义智能建筑。事实上，所有智能建筑所共有的唯一特性是其结构设计可以适于便利、降低成本的变化。"IBI 的说法确定了智能建筑应具有的特性元素。智能建筑必须保持一个有效的工作环境、自动综合运转并能够灵活适应未来工作环境变化的需求。

智能建筑是社会生产力发展、技术进步和社会需求相结合的产物。纵观人类建筑发展的历史，可以看出智能建筑诞生的历史必然。原始社会诞生了人类早期遮风避雨的茅屋，农业社会诞生了城墙和雄伟的宫殿等建筑物，工业社会诞生了钢结构或混凝土的摩天大楼。信息技术使人们的生产、生活等方式发生了巨大变化，作为人居住和活动场所的建筑物要适应信息化带来的变化，智能建筑的产生和发展是必然趋势。随着计算机、控制、通信技术的不断发展及关键技术的突破，必将进一步促进智能大厦的发展。智能大厦正向着集成化、智能化、协调化方向发展，实现智能化管理已经成为重要标志。可以预见智能建筑将成为建筑革命的先声，成为21世纪的重要产业部门，乃至成为一个国家科学技术与文化发展水平的重要标志，也是未来建筑的重要标志。

早期的超高层大楼一般设备非常多，诸如空调系统、给排水系统、变配电系统、保安系统、消防系统、停车场系统等各种专业系统同时共存。操作和控制这些系统，仅靠中央临近室很难实现。20世纪80年代，微电脑技术的崛起再加上信号传统技术的进步，基本上实现了所有设备都可以显示于大楼内的中央监控室，并且较容易地进行操作和管理，从而提高了效率。1984年，美国康涅狄格州的哈特福市将一幢旧金融大厦进行了改造，建成了称为 City Place 的大厦，从此诞生了世界公认的第一座智能大厦，它是时代发展和国际竞争的产物。为了适应信息时代的要求，各高科技公司纷纷建成或改建具有高科技装备的高科技大楼，如美国国家安全局和五角大楼等。中国的第一座智能大厦被认为是北京的发展大厦。此后，相继建成了一批准智能大厦如深圳的地王大厦、北京西客站等。总之，进入90年代以后，智能大厦蓬勃发展，步美、日之后尘，法国、瑞典、英国等欧洲国家，新加坡及中国香港等地的智能大厦如雨后春笋般地出现。

在智能住宅方面，表现为网络技术应用和控制方式的变化。计算机网络和多媒体技术已经进入住宅小区，使住宅控制与管理技术发生深刻变化。80年代，住宅控制方式主要为电子型。90年代初为程序型控制方式，90年代末发展为网络型控制方式。在21世纪，住宅控制方式将演变为智能控制型。各种家电设备都"上网"，实现家电接口标准化、设备控制智能化、系统功能集成化。

人型建筑物的运作包含有多种功能系统，如水、电、热力、空调、通讯等等。他们又各有特色，如水又分为生活用水、生活污水、生活热水、生产污水、消防用水、生活及生产废水处理与循环使用、生产及生活污水的处理等，而这些对一座建筑物来说要实现自动控制就十分复杂。所以智能的概念是替人来做出最佳方案并完成其运行，实现建筑功能运作自动化。智能建筑的另一使命是降低建筑物各类设备的能耗，延长其使用寿命，提高效率，减少管理人员，求取更高的经济效益；通信自动化、办公自动化、安全保卫自动化等都是智能建筑所能达到的。智能建筑内的所有设备应该起到增强其住户智能的目的。借助于系统，住户可以快速高效地自由获取世界各地的信息。住户根据自己的意愿，可以很容易地向世界各地发出要求和指示。智能系统也可以提供娱乐和教育的方式，住户在家时就好像在国家图书馆一样。

随着人们生活水平的不断提高，智能建筑的数量也在急剧地上升。随着更多智能建筑的出现，将有更加先进的技术补充到这一领域中，使这一技术更加成熟、完善。智能建筑是人、信息和工作环境的智慧结合，是建立在建筑设计、行为科学、信息科学、环境科学、社会工程学、系统工程学、人类工程学等各类理论学科之上的交叉应用。智能建筑将成为未来时代建筑的标志。

生态建筑

生态建筑的诞生，标志着世界建筑业正面临着一场新的革命。这一革命是以有益于社会，有益于健康，有益于节省能源和资源，方便生活和工作为宗旨，并对建筑业的设计、材料、结构等方面提出了新的思路；它不再是生态专家们的美好设想，而已变成现实。

美国太阳能设计协会正在研制新型的太阳能住宅，称为建筑物一体化设计，即不再采用在屋顶上安装一个笨重的装置来收集太阳能，而是将那些能把阳光转换成电能的半导体太阳能电池直接嵌入到墙壁和屋顶内。这种建筑物一体化的设计思想是该协会创始人史蒂文·斯特朗 20 年前所倡导的，由于当时太阳能电池过于昂贵，无法实施。如今太阳能电池的价格只有 80 年代的 1/3，所以推广的可能性大大增加。

德国建筑师塞多·特霍尔斯建筑了一座能在基座上转动的跟踪阳光的太阳房屋，房屋安装在一个圆盘底座上，由一个小型太阳能电动机带动一组齿轮。该房屋底座在环形轨道上以每分钟转动 3 厘米的速度随太阳旋转，当太阳落山以后该房屋便反向转动，回到起点位置。它跟踪太阳所消耗的电力仅为该房屋太阳能发电功率的 1%，而该房所获太阳能量相当于一般不能转动的太阳能房屋的 2 倍。

20 世纪 80 年代初期，美国芝加哥曾建成了一座雄伟壮观的生态楼，楼内没有砖墙，也没有板壁，而是在原来应该设置墙的集团上种植植物，把每个房间隔开，人们称这种墙为"绿色墙"，称这种建筑为植物建筑。这种建筑的施工方法并不复杂，它无需成材木料，无需采用大而笨重的建筑设备，而是就地取材，以树林为主材，采用经过规整的活树林来作为"顶梁"、"代柱"和"替代墙体"。运用流行的"弯折法"和"连接法"建造出许多构思巧妙、造型新奇、妙趣横生的拱廊、曲桥、屏风、住宅楼等。

生态住宅的设计概括起来有四点：舒适、健康、高效和美观。住宅设计应充分结合当地的气候特点及其他地域条件，最大限度地利用自然采光、自然通风、被动式集热和制冷，从而减少因采光、通风、供暖、空调所导致的能耗和污染。如北方寒冷地区的住宅应该在建筑保温材料上多投入，而南方炎热地区则更多的是要考虑遮阳板的方位和角度，即防止太阳辐射和眩光。绿色生态住宅强调的是资源和能源的利用，注重人与自然的和谐共生，关注环境保护和材料资源的回收和复用，减少废弃物，贯彻环境保护原则。

生态建筑的设计原则

（一）生态化。即节约能源、资源，无害化，无污染，可循环。

（二）开发可再生的新能源。

1）太阳能利用　在生态住宅设计中利用太阳能并非简单地安装一些太阳能电池或太阳能热水器，更多的是和建筑物本身有机地结合来综合利用太阳能。

2）自然温差利用　地球上冬冷夏热，夜冷昼热，如果能够将夏天的热量转移到冬天，或者将冬天的低温转移到夏天去，就可以不花钱或少花钱解决许多问题。

3）地能利用　指对地下和地表可再生能源的综合利用。

4）相变材料利用　利用建筑维护结构把白天的热量存起来晚上用，或者把夜里的冷量存起来白天用，是一个很好的途径。但它存储的量还不够，一种很有效的解决方法就是采用相变材料。把建筑结构和相变材料结合起来，可设计出一种低能耗建筑，并维持建筑物的良好的热环境。

（三）使用新型建材。新型建材，国际上称之为健康建材、绿色建材、生态建材等。主要包括新型墙体材料、新型防水密封材料、新型保温隔热材料、装饰装修材料、无机非金属新材料等。新型建材不仅不会对人类生存环境造成污染而是有益于人体的健康，有利于改善建筑功能，起到防霉、隔音、隔热、杀菌、调温、调湿、调光、阻燃、除臭、防射线、抗静电、抗震等作用，制造新型建材不仅可以采用不对环境造成污染的生产技术，而且在产品结束使用寿命后，还可以作为再生资源加以利用，不会形成新的废弃物。

（四）环境绿化。

（五）垃圾分类处理。

51

未来的城市生活

"零能耗"的建筑

不少人也许已接触过"零耗能住宅"这个术语，虽然还不大清楚这到底是什么，但它听起来不错。那么这到底是现实呢还是对未来的一个设想？这的确是现实，在美国各地这样的设施已经帮助房主们节约了大笔的能源开支。过去几年中，美国能源部一直在推广这种高效住宅设计，目的是在全国范围内的住宅建设中采用高效能源或可再生能源策略。正是如此，美国各地都出现了能耗已经接近甚至达到零的住宅，甚至是社区。根据我国建设部门的统计，目前我国已建房屋有近400亿平方米属于高耗能建筑，新建房屋有95%以上是高耗能建筑。我国市面上已建成的"准零耗能"与"纯零耗能"住宅都是广泛采用各种节能策略以及太阳能发电与热水供应系统。

所谓"零耗能"，是指建筑在实现低耗能的基础上，补充太阳能、风能和浅层地能等可再生能源，达到节约或者不用传统化石能源的目的。现国际通行的所谓"零耗能"建筑主要是指通过最佳整体设计、利用最先进的建筑材料以及节能设备，达到房屋所需能源或电力100%自产的目标。零能耗建筑并不是说建筑不耗能，而是指对不可再生能源的消耗为零，用能主要是太阳能、风能和生物智能。

初夏的瑞士，30多摄氏度的气温让人吃不消，但一走进 Eawag（瑞士联邦供水、废水处理与水体保护研究所）总部大厦，却是感觉清凉如春。这个大厦没有空调，但室温一年四季保持在23摄氏度。这就是著名的Chriesbach大厦——国际知名的零耗能建筑。它于2006年9月落成，在现有节能技术的创新基础上，为建筑业树立了新的标准。据介绍，Chriesbach大厦消耗的能源仅相当于规模最小的大厦所消耗的能源的1/4，其能耗已经达到欧洲 2050 年的标准。

大厦是一个紧凑型实体，有一个玻璃屋顶的中央大厅，因此阳光可以照射进大厦，同时也有助于大厦在夏日夜晚的降温。墙壁是钢筋混凝土框架结构，也是冷热蓄能体，绝缘层有 30 厘米厚。窗体底端天花板使用的是再生混凝土，地板用木屑板铺设，而大部分墙壁则采用木质结构。办公室之间的隔断墙壁采用了黏土材料，这样既符合环保的要求，又能调节空气湿度。逃生露台上，装有天蓝色的玻璃板，在兼顾美观的同时，可根据季节变化控制日光通透，或提供遮阴，或让太阳光直射进大厦。这些玻璃板可根据设定的角度自动调节，夏天可遮挡 75% 的太阳光；冬天则尽可能多地放进阳光。

在能源方面，个人活动、办公设备、照明灯光及自然光线产生的热量，通常足以维持一个舒适的室温，即 23 摄氏度左右。在大厦屋顶四周，分布着 459 平方米的窗体顶端窗体底端太阳能电池，可为大厦提供近 1/3 的建筑用电量，约等于 21.9 万千瓦时（不含服务器的用电量）。此外，屋顶上还种了小植物，用来保温及收集雨水。

在水源供给和处理上，Eawag 动足了脑筋。饮用水主要用于员工食堂、每层楼的饮用水龙头及清洁设施。而其他用水则主要依靠雨水。比如，屋顶上有一个 80 立方米的露天水花园，用来储存雨水，它位于食堂的前面，有一根单独给水管，为厕所提供冲刷水源。尿液也会被特别处理，它经单独管道与无水便池和厕所分离，储存到两个大水箱（分男、女）中，用于 Eawag 的研究。在停车场、通道等地方，雨水不能直接排入地下，而是被收集到一个露天水道，流入排水区域。大厦周围，挖了小沟渠，种了大片树木，它们与建筑物组成了一个融入自然的整体系统。整个零耗能表现出的不仅仅是单个尖端技术的叠加，更是各个系统和技术相互作用的最优效果。

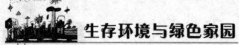
太空屋

2004 年 8 月 24 日，欧洲宇航局已经提出"太空屋"雏形。该"太空屋"是用高科技材料制成，拥有坚固的太空船结构。"太空屋"使用高效的太阳能板进行发电然后将电储存到高效的锂电池中。同时该"太空屋"使用用于卫星的特殊的能量控制系统。"太空屋"是超级绝缘的，它应用先进的供暖、制冷和通风装置。"太空屋"雏形是以传统的房屋为基础，全部采用欧洲宇航局太空计划的先进材料为理念形成出现的，这种材料不仅轻，而且韧度和抗热、抗寒能力都非常突出。

建筑在地球上的"太空屋"模型

"太空屋"是一组球形结构，由三部分组成，其中每一部分都拥有 4 根支柱，高达 5 层。有点像人们所说的"飞碟"形状，整个球体由支柱支撑，首层与地面之间有一定的距离，也就是说，房屋主体并不直接与地面接触。当它伸出支柱把自身支撑起来时，它就和底下的任何运动无关了，无论是大风还是地震都不能轻易撼动它。新科考站将能抵御里氏 7.5 级地震、时速 220 千米的狂风及高达 3 米的海浪。近年来风雪已经对科考站的安全形成了威胁。这种建筑外表光滑，符合空气动力学，还可防止雪的堆积，内部的墙体结构还可根据需要进行移动。

欧洲宇航局的"太空屋"从几个方面引起了德国的兴趣。一是为了达到保护环境的要求，整个建筑在使用过后能全部移除使环境不会受到污染；一是建筑结构能适应恶劣的自然环境。具体到南极站的应用上，"太空屋"的轻型设计可以使它承受每年深达 1 米的降雪量而不会陷入冰雪中，同时，也大大方便了日后的移除工作。此外，相对在南极建造建筑物的严格条款来说，太空屋的设计在某些方面还超出了这些标准。

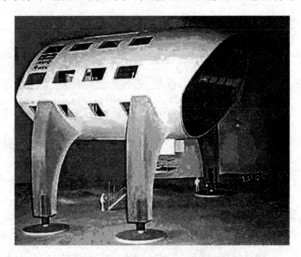

南极站模型的三分之一（完整的应有 12 根支柱）

"太空屋"构想的实现为人类的建筑居住技术提供了一种新的思维方式，其运用将越来越广泛，并有可能在不久的将来逐步取代现有传统住宅。而且许多太空技术已经为解决地球上的问题提供了初步的解决方案。"太空屋"被设计成了一个自给自足的系统。它采用了高效能太阳能动力和先进的循环水及净化水的系统。另外一个设想还在计划中，那就是设立一个可以清除空气中亚微米级的致病粒子的系统。可以说，太空舱为了在

55

极端环境中维持生命所依赖的前沿技术，正是地球上的建筑技术革新极具价值的资源，人们应当好好加以利用。

在 2006 年的节能展上节能庭院亮相。只需 5 小时，节能房间就在农展馆前拔地而起。节能庭院运用了多种节能技术：主体房间应用了"太空板"，有保温作用，冬季保温，夏季可隔热，还充分利用了可再生能源，如安装风车、利用太阳能等。

科技展上搭建的太空屋

虽然动用很多先进的设备装置，但是，假设将建 200 平方米节能庭院总造价也不到 20 万。而且，节能房屋的主体建设，就是将预制好的太空板搭建出房屋主体结构，只用 5 个小时。节能庭院不光能应用到农村住宅，应用于别墅建造，还将节能设施逐步运用到楼房中。周一凡表示，正在考虑配合平改坡工程，将节能技术推广到楼房中应用，在综合考虑北京住宅的建筑结构、墙体承重后，太阳能、风能也能走进北京市区的栉比高楼。

模仿蚁穴的建筑

说起白蚁，大家首先想到的就是它是一种极具破坏力的害虫，但是有科学家经过 3 年的研究，发现白蚁的巢穴不仅结构精妙复杂，而且就算外面的温度高达 40 摄氏度或者低至冰点以下，蚁穴始终能保持恒温。目前，科学家正在着手模仿蚁穴，建造出更适合人类居住而且造价低廉的房屋。

由英国和美国科学家组成的一个研究小组对非洲撒哈拉的巨大蚁穴进行了为期 3 年的研究，试图寻找大蚁穴精妙复杂的内部结构的奥秘，因为科学家们发现，无论外面的气温如何急剧变化，蚁穴里的温度却是不变的，科学家的这一发现有助于帮助人类建造更适合环境而又造价低廉的住房。

仅从外面看，非洲白蚁的巢穴就像一个大土堆，它们高大的外表给人留下了深刻印象，一般有 3 米高，有一些蚁穴居然高达 8 米，而且蚁穴不仅是地表上的那块，它们还伸到地下很深的地方，那是因为白蚁在地下深层"挖掘"建筑材料，它们小心地挑选建造巢穴所需要的每一粒沙子。蚁穴里错综复杂的通道组成一个通道网，这些通道可以让新鲜的空气进入，同时把呼吸过的废空气排出去，这样就防止白蚁在里面因缺少空气而窒息。

蚁穴的设计非常巧妙，最令人不可思议的是蚁穴里面是恒温的。不管是寒冷的冬天还是炎热的夏天，蚁穴里面的温度自始至终保持在 3 摄氏度左右，而且蚁穴还能自动调节空气湿度。在撒哈拉，白天的温度经常超过40 摄氏度，而有的季节的晚上最低气温则达到冰点以下，可是科学家们却发现，蚁穴里面的温度一年四季自始至终都是 3 摄氏度。而且蚁穴可以自动调节里面的空气湿度，在有些炎热的地区，比如纳米比亚，有些白蚁巢穴的烟道高达 20 米，以便控制湿度。

蚁穴的中心最舒服，那是蚂蚁国王和蚂蚁王后居住的地方，一个蚁群数量可高达 200 万只，但是都在国王和王后的统治之下，蚁群中所有的蚂蚁都是国王和王后的子孙。

蚁穴中还有一种生长着特殊真菌的"农场"或"园子"，这种真菌是世界上其他地方所没有的，白蚁用这种真菌将木浆分解成纤维用于建造蚁穴，并用来分解用于能量转换的糖分。科学家说，他们下一步要研究清楚的是，白蚁在蚁穴中如何处理废物，因为一直没有在蚁穴中发现蚂蚁的排泄物或者其他垃圾。

科学家从蚁穴中得到启发，模仿蚁穴设计新型墙壁，使房屋具有和蚁穴一样

未来的城市生活

的特性。但这并不意味着人类未来的房屋就要建成通道错综复杂的结构，而是要用新知识设计墙壁，具有和蚁穴同样的特性。为了研究如何设计并建造这样的墙壁，科学家用熟石膏将蚁穴填满并覆盖住，然后切成半毫米厚的薄片，用相机一张一张拍下来，然后用电脑技术就可以制作蚁穴结构的三维模型。

3. 未来的城市森林

城市绿化不再是简单的种树栽草，而应做到春有花、夏有荫、秋有果、冬有绿；落叶乔本、常青灌木、常绿草坪高低参差、交相辉映，充分满足崇尚田园生活的现代人的审美情操，做好城市绿化带的合理布局，建立良好的城市生态系统，形成"天蓝、地绿、水清"的生态环境。

现在许多城市的绿化工作，其主导思想上仍然是对建筑区周围修修补补式的园林设计为主，没有从整个城镇生态环境建设的要求来考虑不同类型土地类型的资源配置与布局。城市绿化建设仍然存在着较多问题。如绿化植物种类单一，生长不良，稳定性差，生物群落发育不全，病虫害发生的几率也会大大增加，生态效益得不到充分发挥，出现"绿色沙漠"。

于是有人提出"城市森林"的概念。森林是改善生态环境，促进人与自然和谐共存的纽带。因此，加快城市森林建设尤为重要。作为"城市之肺"——森林，对改善城市生态环境，提高城市人口生活质量，科学发挥城市功能有着不可替代的作用。随着我国城镇化进程的加快，城市森林发展的重要性和紧迫性日益显现。加快城市森林建设的步伐，努力改善城市人居生态状况，维持和保护城市生物多样性，提高城市综合竞争力，促进城市走可持续发展道路，是新世纪现代化城市发展的必由之路。

58

城市森林这一概念的提出已有 40 余年的历史。1962 年，美国肯尼迪政府在户外娱乐资源调查报告中，首次使用"城市森林"这一名词。从生态化城市建设来看，城市森林有十分丰富的内涵。它不是以生产木材为主要目标，而是以城市为载体，以森林植被为主体，以城市绿化、美化和生态化为目的，加快城市生态化进程，促进城市、城市居民及自然环境和谐共存。

对于一个城市来说，森林是"城市之肺"，河流、湖泊及各类湿地则是"城市之肾"，城市因为有了森林和流动的水体使裸露的钢筋混凝土外表添置了华丽的衣裳，赋予了一种动态的美、和谐的美。城市一方面可以利用森林涵养水源，促进城市水系的水质改善，加快城市范围内河流生态系统的生态恢复，有效缓解城市水资源短缺危机；另一方面可以利用城市水体的功能改善森林生长繁育环境，促进森林绿地达到较为完善的近自然植被结构，提供更为丰富的生态功能，使城市生态系统的结构得到优化，实现城市生态系统的良性循环。城市森林建设在规划设计上应与城市园林、城市水体、城市基础设施建设相互协调，融为一体，为城市总体布局服务。

城市森林蕴含着深厚的文化内涵，以其独特的形体美、色彩美、音韵美、结构美，对人们的审美意识、道德情操起到了潜移默化的作用，丰富着城市的人文内涵。城市森林建设是一项涉及多部门、多行业、多学科的系统工程，加强部门间合作，提高社会参与程度，共同为城市生态环境建设服务，充分调动好各方面的积极性非常重要。

城市发展与建设的实践让我们深切感受到，城市经济社会发展与绿色文明密不可分，城市人的全面发展与绿色环境紧密相连，留住城市的绿色，打造高品质的生存环境空间，使自己的家园变为森林城市，是城市可持续发展的必然选择，也是创造富裕、文明、安宁、和谐、美好的城市生活的必然选择。

未来的城市生活

第二章　未来的城市交通

　　像我们生命体中的循环器官一样，交通运输在城市建设中占有重要的地位。如果循环系统出现了问题，将会造成致命的伤害，所以要保证它一刻不停地正常工作。而且交通问题与我们特别关注的环境能源问题密切相关，在我们的日常生活和生产活动中占有很大比重。因此在谈到未来的城市生活时，交通问题是不可回避的领域。最初，人们为了生产，产生了移动、运输的需求，于是便产生了道路。随之而来的是更大量、更快捷的运送方法逐渐得到开发，最终发展成为今天这样高效率的船舶和铁路等运输系统。汽车如今成了我们生活的必需品。伴随着经济集团化、一体化的发展，国际上的运输越来越发达，空运的重要性也日益显著。机场也在城市的基础设施中占有日益重要的地位。

　　时至今日，交通运输和经济的发展相互影响，在城市中伴随着人口的流入与集中，道路和交通系统也不断扩大、完备，交通的便利促使人口和经济进一步获得增长。虽然已经针对交通运输方面进行了大规模城市基础设施的投资建设，但是到目前为止仍然不能满足城市发展的要求。由于过去单从政治或经济的狭窄角度来考虑城市交通运输的发展，因此导致许多不合理的问题大量产生并堆积下来，尤其是环境问题。可以说世界上的城市正遭受日益严重的交通问题的"摧残"，其中一个重要的原因就是小汽车的持续增长。无视环境和公共健康的问题，仅从个人出行舒适的角度出发，小汽车显然比公共汽车或其他交通方式更具有吸引力。我们人类不能任由这些问题随意发展，我们需要认真地考虑如何解决现存的问题。未来的城市将更注重环境保护，采取改善公共交通、鼓励步行和自行车出行的措施，以减少小汽车的使用，或者至少引导人们以不同方式使用小汽车。如同今天的高层建筑必须与配备电梯一样，今后大规模的城市还将提供自动水平移动的系统，从而使未来城市发展可以不依靠私人小汽车。从城市居民使用交通的便利角度和城市环保的角度，未来的城市交通应该朝着以下三个方面的要求发展：

一是快速。指的是从出发地到目的地两点间以直线方式相连接；交通工具高速化；最大限度地减少由于换乘或中途停留等因素所导致的时间浪费。

二是便宜。指的是运费和通行费用低；交通基础建设、维护等的公共投资的间接费用低；减少大气污染、噪声震动等环境治理的费用。

三是舒适。指的是减少由交通拥挤带来的精神焦虑；降低事故和故障的发生率；使广大的使用者不仅能在利用交通系统时产生舒适感，还可以为他们提供一个全盘的快捷、舒适的城市生活大环境。

1. 绿色智能的代步工具

在不久的将来，没有大气污染、能源及环境问题的汽车将非常普及，在不丧失驾驶乐趣的同时，汽车的自动化和安全性将会得到大幅度的提

61

高。而自行车将会重新受到城市人类的青睐，而且实现了智能化。

电动助力自行车

　　未来的新型智能化电动助力自行车骑行轻快，一次充电可行驶200千米以上；操作控制方便，只用两个按钮开关，其中一个三位按钮开关，改变三挡速度设定，另一个是微动按钮，通过不同的触按方式，来控制自行车三大运行模式之间的转换（1. 自行车模式，采用脚踏方式骑行，不依靠电力，适合于锻炼身体和电能耗尽时使用；2. 新型智能化电动助力模式，实现智能电力助动，适合于爬坡与远距离

智能化电动助力自行车

骑行；3. 1 +1 运行模式，兼有电力驱动与人力骑行）。智能化电动助力自行车运行安全可靠，当处于智能化电动助力模式骑行时，其额定最高行驶速度为20千米；智能化电动助力自行车的电动助力控制系统采用自创的智能型数字式同步自适应控制方案，系统新颖独特且成本低廉。

　　为了减少机动车辆的数量，未来的城市还将普及智能公共自行车，届时将在地铁站各站点和所有居民小区设立公共自行车"出租点"，"出租点"将遍及市区。公共自行车将采取低收费的运营方式，市民租骑公共自行车的费用肯定比自己购买自行车支出的维修费及存车费要低。新型的智能公共自行车外观和现在的普通自行车不一样，样子时尚，还装有车筐，具有方便、环保、节能等特点。每辆车都带有GPS全球定位系统，碰到逾期不还或车子丢失时，很容易找到。公共自行车的设计理念强调防盗、简便、轻快、易存放、易维护、结实、经济。每个使用公共自行车的人需携

带身份证办理一张实名制磁卡，卡上有身份证等个人情况识别记录，取车时都要在公共自行车专用车架配备的电脑上刷卡。谁不还车，电脑都会读出来，这将在很大程度上降低自行车"有借无还"的情况。市民租用公共自行车，卡里事先要存入足够的租车保证资费，相当于押金。在公共自行车租赁点的POS机上刷卡，POS机收取一定金额押金；用好车后，还到任意一个公共自行车租赁点去，再刷一下POS机，押金原额返还。每天有专人维护的公共自行车，省却了市民自行维修及存车的烦恼。另外，公共自行车可以让出行者随时随地自由选择交通方式。出行者可以在一个地方租骑一辆公共自行车，到另一个地方去还。此外，公共自行车零污染、零排放，这种交通方式，可有效减少交通堵塞，减缓交通压力，使城市道路得到更好的利用，避免社会资源的浪费，降低个人乃至社会的出行成本。

智能汽车

随着社会的发展，汽车越来越多，这不但使车速不断减慢，堵车次数增多，而且交通事故不断增加，贺车人员必须高度紧张，以免出错。能不能让机器替我们照顾车辆呢？科学家也正在考虑这一问题。美国科学家对此进行了研究，取得了一定的成绩。这就是他们的一些成果：美国的研究人员目前正在设计一款新的智能汽车，这款智能汽车可以自动分析道路状况和车流量，能够提示即将到来的风险并做出正确的驾驶选择，从而最大限度地避免车祸的发生。

这一项目是由美国新墨西哥州桑迪亚国家实验室牵头实施的。分析驾驶员的脑电波智能汽车非常贴心聪明，如果看到你因忙于应付复杂的交通状况而不希望分心，它可以帮着关掉手机；或者它会在怀疑你因注意力分散而不足以应付路况时，向你提出一些用以提高警惕性的针对性问题。

桑迪亚国家实验室的高级技术员凯文·迪克松说："这个项目与物理学和心理学有关。如果驾驶员的确看上去正在为复杂的交通状况

美国科学家对智能汽车进行测试

头疼不已，智能汽车就会接管驾驶员的手机，推迟来电提示。同样，当系统确定驾驶员不能再受到视觉干扰，全球定位系统就会关闭显示屏，转为使用语音报读。遇到一些危险状况时，智能汽车还会借用空军技术，比如，使用女声录音警告驾驶员，或者在汽车失速时震动操纵杆。"

该智能汽车还能自动处理潜在危险，智能汽车实际上是智能汽车和智能公路组成的系统，目前主要是智能公路的条件还不具备，而在技术上已经可以解决。当遇到交通阻塞的情况时，导航系统将引领驾驶员绕道而行，并且可以随机应变，依据不同道路状况和速度变化状况自动启动、加速或刹车制动。智能汽车由一部道路图像识别装置、一部小型电子计算机和一套用电信号控制的自动操纵系统组成。道路图像识别装置用来识别复杂的路况。

只要按一下方向盘上的按钮设定速度，汽车便可在不需踩油门的情况下按照预定的速度向前行驶。如果遇到前方一定距离内有其他车在行驶，智能汽车即会自动减速，以与前车保持一定的车距。要是前车加速，智能汽车也会随之自动加速。这主要是因为这种汽车的车头上装有雷达，可自动检测与前车之间的车距，并将数据传送到电脑分析，再把计算出来的合适车速向引擎发出指令。如果前车突然刹车，或有其他车插进来，报警系统还会发出警

告，提醒驾车人注意，同时要求驾车人辅以手动刹车。智能汽车与一般所说的自动驾驶有所不同，它指的是利用 GPS 和智能公路技术实现的汽车自动驾驶。智能汽车首先有一套导航信息资料库，存有全国高速公路、普通公路、城市道路以及各种服务设施（餐饮、旅馆、加油站、景点、停车场）的信息资料；其次是 GPS 定位系统，利用这个系统精确定位车辆所在的位置，与道路资料库中的数据相比较，确定以后的行驶方向；道路状况信息系统，由交通管理中心提供实时的前方道路状况信息，如堵车、事故等，必要时及时改变行驶路线；车辆防碰系统，包括探测雷达、信息处理系统、驾驶控制系统，控制与其他车辆的距离，在探测到障碍物时及时减速或刹车，并把信息传给指挥中心和其他车辆；紧急报警系统，如果出了事故，自动报告指挥中心进行救援；无线通信系统，用于汽车与指挥中心的联络；自动驾驶系统，用于控制汽车的点火、改变速度和转向等。

　　智能汽车是一种正在研制的新型高科技汽车，这种汽车不需要人去驾驶，人只舒服地坐在车上享受这高科技的成果就行了。因为这种汽车上装有相当于汽车的"眼睛"、"大脑"和"脚"的电视摄像机、电子计算机和自动操纵系统之类的装置，这些装置都装有非常复杂的电脑程序，所以这种汽车能和人一样会"思考"、"判断"、"行走"，可以自动启动、加速、刹车，可以自动绕过地面障碍物。在复杂多变的情况下，它的"大脑"能随机应变，自动选择最佳方案，指挥汽车正常、顺利地行驶。

　　智能汽车的"眼睛"是装在汽车右前方、上下相隔 50 厘米处的两台电视摄像机，摄像机内有一个发光装置，可同时发出一条光束，交汇于一定距离，物体的图像只有在这个距离才能被摄取而重叠。"眼睛"能识别车前 5～20 米之间的台形平面、高度为 10 厘米以上的障碍物。如果前方有

65

障碍物，"眼睛"就会向"大脑"发出信号，"大脑"根据信号和当时当地的实际情况，判断是否通过、绕道、减速或紧急制动和停车，并选择最佳方案，然后以电信号的方式，指令汽车的"脚"进行停车、后退或减速。智能汽车的"脚"就是控制汽车行驶的转向器、制动器。

无人驾驶的智能汽车将是新世纪汽车技术飞跃发展的重要标志。可喜的是，智能汽车已从设想走向实践。随着科技的飞速发展，相信不久的将来，我们都可以领略到智能汽车的风采。

所以，智能汽车实际上是智能汽车和智能公路组成的系统，目前主要是智能公路的条件还不具备，而在技术上已经可以解决。在智能汽车的目标实现之前，实际上已经出现许多智能技术，已经广泛应用在汽车上，如智能雨刷，可以自动感应雨水及雨量，自动开启和停止；自动前照灯，在黄昏光线不足时可以自动打开；智能空调，通过检测人皮肤的温度来控制空调风量和温度；智能悬架，也称主动悬架，自动根据路面情况来控制悬架行程，减少颠簸；防打瞌睡系统，用监测驾驶员的眨眼情况，来确定是否很疲劳，必要时停车报警……计算机技术的广泛应用，为汽车的智能化提供了广阔的前景。

电动汽车

电动汽车大致分为蓄电池电动汽车、燃料电池电动汽车和混合动力电动汽车。电动汽车的一个共同特点是汽车完全或部分由电力通过电机驱动，能够实现低排放和零排放。1881 年就出现了电动汽车，它比内燃机汽车还早一些。但内燃机汽车后来居上，在性能、机动性、车辆重量等指标远远超过了电动汽车。电动汽车在 20 世纪 20 年代达到鼎盛时期后就一蹶不振，成为"电瓶车"式的辅助车辆。

早期电动汽车不仅有电动轿车，还有电动货车和电动大客车等多种形式的电动车辆。在20世纪初，蒸汽汽车、电动汽车和内燃机汽车基本是三足鼎立，在汽车保有量中，蒸汽汽车占40%，电动汽车占38%，而内燃机汽车仅占22%。在内燃机的性能还不高的时期，电动车十分盛行。后来，由于石油的发现及大量开采，内燃机的性能迅速提高，电动车在速度和续驶里程等方面愈来愈无法与内燃机汽车竞争，逐渐衰落。从1953年到1955年，电动汽车完全从公路上消失，进入一个"沉睡时期"。直到目前环境问题日益严重威胁人类健康的今天，电动汽车重新受到人类的重视。

武汉理工大学开发的混合动力电动汽车

燃料电池电动汽车

未来的城市生活

太阳能汽车

太阳能是一种新能源，它取之不尽，用之不竭。太阳能汽车是靠太阳电池作电源的。当太阳照射到车身上的太阳电池板时，根据光电转换原理，立即能产生直流电，供给直流电动机运转，驱动汽车行驶。但这种只装有太阳电池板的汽车，在无光照射时，就会马上停止。如果要汽车在阴天或夜间也能继续行驶，还要把太阳电池板和蓄电池配合使用。当阳光照射时，太阳电池板就产生电能，一部分提供给电动机，汽车便可奔跑；另一部分供给蓄电池充电。这样，等到没有阳光时，使蓄电池放电供电动机运转，让汽车行驶。因此可以认为太阳能汽车，是太阳能和蓄电池组成混合动力的电动汽车。这样的混合动力汽车在沙漠和草原上可以是风力发电机与发动机组成混合动力，或者用风帆作为汽车的辅助动力。

1985 年在瑞士车展上的乡村牌太阳能汽车

醇燃料汽车

醇燃料（主要指甲醇和乙醇）是汽车清洁替代燃料的一种，与汽油和柴油相比，醇类燃料氢碳原子比大，且为含氧燃料（甲醇分子含氧量达

50%、乙醇分子含氧量达 35%），比汽油和柴油更容易完全燃烧，除了常规的有害排放较低外，CO_2 的排放量也比燃用汽油和柴油低。此外甲醇和乙醇是可再生资源，可由一些廉价原料，例如家庭垃圾、秸秆、木材、甘蔗、粮食，也可以通过煤、煤层气、液化石油气等制造，所以醇类燃料的供应不会枯竭。美、德、加、法、日、瑞典、新西兰等发达国家政府和汽车公司，都大力推动醇燃料的研究试验和示范推广，并由国家议会列为清洁燃料予以发展。世界各大汽车厂都在积极研究开发、示范了许多不同方案的醇燃料汽车，如专用优化的醇燃料小轿车（曾是巴西汽车的主流）、全醇燃料的大轿车、大载货汽车等，在醇燃料汽车技术上有很大进展。

2. 公共交通"软流动"

历史进入了 21 世纪，小汽车仿佛从地底下冒出来的一样。从 2003 年至 2006 年，中国机动车每年都以 30 万辆的速度"井喷式"增长。2007 年 5 月 26 日，北京机动车更是历史性地突破了 300 万辆。据统计，在承担了相同出行量的情况下，小汽车要占用 68.9% 的道

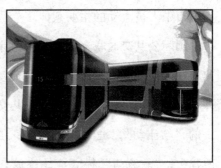

实现零排放：英国未来城市公交车概念雏形

路资源，而公交车只占用 10.2%。东京、巴黎、伦敦等国际大城市公共交通出行比例已经达到了 60% 甚至 80%，而 2003 年北京公共交通承担的出行比例仅为 26%，小汽车的出行比例却高达 23%。大量机动车辆的涌现使城市交通压力不断增加，道路拥堵、废气污染已成为当今世界上几乎所有大城市的

69

一个通病；与此同时，为缓解交通压力，许多城市的道路仍在不断扩张，此举又极大消耗着有限的土地资源；此外，对能源增长的需求也是人们必须面对的一个现实。据称，通过一天的无车日活动，全中国可节省燃油3300万升，减少有害气体排放约3000吨，数百人可免于交通事故伤害。无车日对改善交通环境和生态环境，功莫大矣，人们一致拍手叫好。当然，无车日不是说所有的车子都不开动了，而是限制公车和私家车，鼓励市民利用公交工具出行。"无车日"，在相当程度上可说是"公交日"。第58届世界公共交通大会传达出一个重要信息：必须发展"智能"与"绿色"的公共交通，大力提高城市公交的市场份额，因为公共交通是城市的血液和命脉，交通畅达，则城市兴旺。

应对挑战，路在何方？一个重要策略就是大力发展"智能"和"绿色"的城市公交系统，使舒适、高效、人性化、环保、节能的公共交通成为城市中人员流动的主要载体。

国际公共交通联合会新任主席弗劳施在第58届世界公共交通大会上提出，在未来的城市交通中，人员流动的方式应当主要是"软流动"模式，即城市居民用步行、自行车或公共交通工具完成近距离移动。实现城市居民的"软流动"，是应对上述诸多挑战的有效办法。因此，在城市规划及改建中，"软流动"模式应始终放在首位。与此同时，城市交通规划也应按照人员"软流动"、物流交通和私人交通的顺序来安排。大力发展城市公交更应是实现城市居民"软流动"的重点方向。

城市公交系统关系着人们日常生活的诸多方面，要用最新的技术、材料和管理模式装备城市公交，推进它的智能化、人性化和节能性。为提高城市公交对民众的吸引力，要运用先进科技和服务理念来装备公交系统，提高其安全性、舒适性和便捷性。发展城市公交的另一关键，是促使人们改变习惯性的生活方式，脱离私人交通，参与到城市"软流动"中来，以自身的行动为城市增加"绿色"。与此同时，不断创新、增加科技含量、节约能源，是提高公交市场份额的重要途径，为此需要相当的投入。随着信息化、数字化技术以及新型材料等高新科技的广泛应用，"聪明"、先进和方便将成为未来城市公交的新"形象"。绿色、节能公共交通将成为未来城市人的出行首选。

3. 创造步行城市

步行，是最绿色的出行。人有两只脚，本来是用来走路的。汽车的发展，将人的腿装上了轮子，大大提高了行速，自然是一种现代化的进步。在汽车发明后的一个世纪后的今天，城市的汽车却成为众多难以处理的城市环境问题的根源。

以步行为主的城市中心区

市郊大片的农田随城市的蔓延而被吞没，汽车的噪音和威胁使昔日的社交体系不复存在。汽车对资源的消耗及其对天空的污染破坏了全球的生态系统。所有这些问题的出现都是用高价换来的。

汽车给社会带来的问题，尽管人们作了半个世纪的不懈的努力，也没有得到解决。可持续发展的社会将要求在人类活动中大量减少能量和原材料的使用。在城市中消灭汽车将大大改进城市的可持续性，同时使城市成为人类更好的生活场所。出于这个原因，步行城市被看做是未来城市可持

71

续发展中的一块基石。

目前，威尼斯是唯一的大型现代步行城市。在威尼斯，步行是最常见的出行方法，一个人用一小时可以步行穿越整座城市。宜人而缓慢的公共交通靠渡船提供，这种交通方式可以让人们一览这座美丽城市的风光秀色。在那里，城市是安静的，大大小小的公共场所分布在城市的每个角落，人们聚集在广场上享受生机勃勃的街区生活。

步行城市已得到人们的关注和效仿，也取得了相当大的进步。现在大多数欧洲的城市都有步行区域。甚至美国，许多城市在市中心也已经设立了步行区。步行区的例子有哥本哈根（Stroget）、里昂的维克多·雨果街（法国）、格罗宁根（荷兰的 Grote Markt 区）、德国弗赖堡中心的大部分地区、瑞士的采尔马特。大部分德国和瑞士的城市在商业中心至少有一个小步行区，这些区域几乎都是位于城市最古老的地区，在那里，街道狭窄，商场、剧院、咖啡馆和餐馆林立，吸引了大量的人群。

在中国，许多城市的商业中心也开辟了步行街，如广州北京路商业步行街、上海南京路步行街、北京的王府井大街、哈尔滨中央大街、重庆解放碑中心购物广场、南京夫子庙文化商业中心、沈阳中街－小

在城市街区悠闲行走、休息的居民

东路商业步行街、深圳东门步行街等。

除了商业步行街外，还有把居住小区建成步行小区的尝试，如阿姆斯特丹的居住区。这个项目大约有 600 个住宅单元，但是对单元的需求量高出可供单元数量的 10 倍。这已进一步证明了步行开发的可行性。

解决城市的交通危机，外国学者提出把汽车拒之门外。汽车的功能可以靠铁轨系统实现。铁轨系统占地小、提高速度、舒适、安全、经济和节能，还可以建在地下。

尽管城市的交通危机难以解决，但是从步行城市的增多证明了人类正努力改变以密集的、无数汽车支配城市街道的现状，向以步行支配城市街道的方向发展。

未来步行城市的步行街系统将有以下几个部分组成：

（1）步行购物中心区。未来城市的中心区将是一个现代步行购物中心，购物中心是一个规模庞大的，集购物、娱乐、消闲、观光于一体的室内建筑，并通常附以灯光、花草树木、雕塑及其他使人赏心悦目、心旷神怡的舒适物。步行购物中心通常提供以下场所和服务：零售业，包括百货商场和各种专业商店；餐馆、酒吧、咖啡厅、电影院、剧院、商业俱乐部、儿童乐园、生意及业务洽谈室等等。

（2）步行通道。步行通道是步行街区的重要组成部分，其主要功能是将市中心的主要步行点连接在一起。步行通道可分为凌空型，如空中走廊和天桥；地面型，如便道、步行街及地下通道三种类型。

（3）广场。广场通常是指购物中心与公园之间的空旷地带，是市中心步行街区的结合部，它可以提供专门来此消闲和过往行人稍事休息的场所。广场的三个基本用途是：循环功能——提供足够的步行空间；休息功能——为步行者提供稍事休息区域；美化功能——为步行区增加一些绿色。

（4）公园。公园通常是位于市中心的一块草坪或绿地。公园的主要功能是为娱乐和公众集会提供一个场所，但也可作为步行者的休息场所。

（5）艺术画廊。艺术画廊是连接一系列艺术景点的步行路。城市的艺术画廊设计精美，它不仅是步行街的一部分，而且具有很强的教育和文化观赏特点。

可以说，步行，不仅是人们行路的一种不可少的方式，有助于减少现代交通的拥堵，而且其随意闲行的散步，也是一种恰心悦情的生活方式。古人是充分重视散步之乐的。《千家诗》中第一首程颢的诗："云淡风轻近午天，傍花随柳过前川。时人不识余心乐，将谓偷闲学少年。"写的就是在花丛柳树间信步游春的赏心悦目感受。原来的城市也是有众多散步好去处，为市民所喜爱的。上海人所习惯的"逛马路"，也就是一种现代的散步。可惜散步的环境为尘嚣所损，"每况愈下"。城市要成为环境友好、以人为本、适宜人居的城市，需要以"可步行"作为建设目标。

4. 轨道交通成为主流

城市发展的不同历史时期，城市公共交通系统有不同的形式，相继经历了马车时代、有轨电车时代、公共汽车时代后，现在正逐步入城市快速轨道交通时代。随着城市化进程的加快，城市交通需求与现有交通供给间的矛盾日益突出。进入 21 世纪，传统公共交通已越来越不适应现代城市居民的出行需要。而城市轨道交通的大运量、快速度、高准点、低能耗和轻污染等优势弥补了传统公共交通的不足。从长远战略发展看，以城市轨道交通为核心的综合交通系统是解决城市交通问题的首选。轨道交通全称叫城市快速轨道交通，是指城市中有轨的大运量的公共交通运输系统。主要有以下几种类型：

一是地下铁道。俗称地铁。国际公共交通联合会使用重型轨道交通系统或快速轨道交通系统（Rail R 即 idTransit）来定义地铁。地铁是由电力牵引、轮轨导向、车辆编组运行在全封闭的地下隧道内，或根据城市的具体地理情况和条件，运行在地面或高架线路上的大容量快速轨道交通系统，最大运量单向每小时达 5 万 ~ 8 万人次。一般情况下，地铁线路全封闭，在市区内全部或部分位于地下隧道内。据不完全统计，目前世界上地下铁道地下部分约占 70%，地面和高架部分约占 30%。新的发展趋势是：为了节约投资、降低工程造价，许多城市将地铁系统大部分采用高架形式。

二是轻轨交通。轻轨交通是在有轨电车的基础上发展起来的城市轨道交通系统。城市轨道交通种类繁多，技术指标差异较大，各国评价标准不一。主要包括：有轨电车系统、单轨交通系统、线性电机牵引的轨道交通系统。

三是城市市郊铁路。又称城市市郊快速铁道系统，是由电气牵引或内燃机牵引，轮轨导向，车辆编组运行在城市中心与市郊，市郊与市郊、市郊与新建的卫星城之间，以地面专用路线为主的大运量的快速轨道交通系统。另外轨道交通还有有轨电车以及悬浮列车等多种类型。

当前，人类城市环保状况不容乐观，在环境污染中比较严重的是大气污染和噪声污染。如今城市大气污染已由工业和燃煤污染变成了交通尾气污染。据统计，中国大气污染物主要有悬浮颗粒、氧硫化物、氮氧化物、氮氢化物、一氧化碳等气体，城市交通是这些污染物的主要排放源。虽然我国目前机动车数量与发达国家相比仍然较少，但由于车型、燃料、保养维护不善等原因，使单车尾气和噪声污染均高于国外。

轨道交通具有污染少的特点。在所有交通方式中，轨道交通是最节能的一种方式。以每百千米人均能耗为例，公共汽车是小汽车的 11.9%；无轨电车是小汽车的 10%；快速轨道交通是小汽车的 6.2%。在大城市中，如果轨道交通客运量达到 50% 左右，CO 和氮氢化合物的排放量可分别降低 92% 和 86%，乘坐小汽车出行要比乘坐轨道交通出行平均每年每人多产生 4.1 千克的氮氢化合物、28.6 千克的 CO 和 2.3 千克的氮氧化合物。同样，城市交通引起的噪声污染也相当严重，有些大城市交通高峰地带噪声甚至超过了 80 分贝（A），对城市环境造成严重影响。

还有轨道交通的运量大、速度快。地铁的运输量单向每小时可运送 4 万~6 万人次，轻轨可运送 2 万~3 万人次。而公共电汽车的客运量每小时最多 1 万人。对大城市而言，客运量特别大的地区，常规的公共交通已远远不够，如果无限制地增加车辆，将使本来就拥挤不堪的城市交通变得更加拥堵。轨道交通的运行速度都在 30 千米/小时以上，比公共电汽车要快一倍以上。如坐公交车一个半小时的路程，坐地铁可能只需半个小时。从运行方式看，轨道交通在舒适、准时等方面，都优于常规公共交通。还具有占地面积小，节能、污染少等明显的优点。可见，轨道交通可以在很大程度上缓解城市的交通压力，改善交通拥堵，减少交通事故。同时也能减少汽车尾气的排放，改善城市环境质量，减少城市对环境治理的投资。快速轨道交通充分利用地下和地面空间，能减少城市交通用地，节约拆迁和安置费用。同时由于快速轨道交通的安全、正点、舒适、快捷、大容量、污染小的特点，使其成为新世纪的绿色交通工具。因此，建立和发展以快速轨道交通为核心的城市公共交通体系是实现环保节能城市的必然选择。

轨道交通发展较好的国家是日本。日本是一个狭长的岛国，1.27 亿人生活在 37.8 万平方千米的国土上，而且 80% 居住在城市，因此人口密度很高，但是在日本，人们几乎看不到交通拥挤的情况，主要原因就是多年来日本一直致力于发展大城市的公共轨道交通。东京最大的车站新宿车站始建于 1885 年，有 11 条地上地下线路和 33 个站台，是日本第一大车站。据悉，每天在这里上下车的乘客一共有 347 万人，不仅是日本，也是世界上平均每天客流量最多的车站。由"电车"和地铁组成的星罗棋布的电气化轨道交通网由于载客量大，方便快捷，目前已成为东京人最主要的公共交通工具。这里虽然人来人往，川流不息，但一切都井井有条。这里仿佛就是日本公共交通的一个缩影，四通八达，结构合理，运营顺畅。此外，由于轨道"电车"和地铁都是电力驱动的，这在很大程度上也帮助都市改善了大气环境。

5. 无轨电车再现雄风

汽车尾气是城市空气污染的最大来源之一，但完全摆脱汽车是不现实的，尽量减少汽车废气的排放，成为当前一些国家和地区采取的共同措施。无轨电车以其尾气零排放、无污染、低噪音及使用清洁、廉价能源的优势，被誉为绿色交通工具，受到了许多国家的青睐。洛杉矶从 2000 年起，一半的车辆被改装成电动汽车；在巴西库里蒂巴、葡萄牙里斯本、德国柏林，有轨电车和无轨电车正在代替汽油车和柴油车。

在法国西南部的小城利摩日，无轨电车是人们的最爱：安静、平稳、舒适，颇有几分复古的气息。利摩日市内共有 200 千米的公共交通线路，其中无轨电车的线路并不长，只有大约 34 千米。但是，由于大多数无轨电车的线路处于市中心，承载着大量公共交通负担，每天大约有 54% 的上班族乘坐无轨电车。当然，由于无轨电车线路的建造和维护费用也比较高。但是，这些都不足以与无轨电车的优势相比。无轨电车作为公共交通的主

未来的城市生活

要形式，最符合防治空气污染的理念；在汽油价格波动频繁的今天，使用电力的无轨电车根本不必担心受到影响。无轨电车的噪音与其他交通工具相比也要小得多，起步和加速都十分平稳，不会引起乘客任何的不适。

然而，正当国际上兴起"电车复兴"热之时，中国无轨电车业却日渐衰落，无轨电车生存和发展面临新的抉择。随着城市化的加速发展，在我国，有着50年运营历史的城市公交无轨电车急剧萎缩，发展陷入低谷。

自上个世纪50年代初引进这一新型交通工具至80年代中期，我国城市无轨电车曾经有过辉煌时期。但进入90年代以后，随着我国城市建设步伐的加快和公共交通的迅猛发展，由于存在集电杆经常脱落和线网繁杂影响城市美观等缺陷，无轨电车受到了种种非议，有的城市缩减了电车规模，有的则干脆将电网拆除了，其生存空间受到严重挤压。

与此同时，我国城市公共交通却获得了飞速发展，机动车特别是公共汽车数量的急剧膨胀。大量排放的汽车尾气和烟尘、噪音等造成的交通污染，使城市空气质量日趋恶化，对城市生态环境造成了严重威胁。目前公交车使用的燃油普遍含硫较高，燃烧后造成尾气中含大量的二氧化硫、三氧化硫等，腐蚀尾气净化器使之不能正常发挥作用；司机不规范的驾驶行为，如急加速、急刹车等，极易造成短时间内供油量增加，使燃烧不完全，排出黑烟；个别公司对车辆的维护保养把关不严，公交车燃油状况较差。这些都对环境造成了污染。汽车排放的尾气会严重影响人类健康。汽车尾气中的一氧化碳能给人造成可怕的缺氧性伤害，轻者眩晕、头疼，重者脑细胞受到永久性损伤。汽车尾气中的铅粒随呼吸进入人体，可伤害人的神经系统，还会积累于骨骼中。如落在土壤或河流中，会被各种动植物吸收而进入人类的食物链。人体内积蓄一定程度的铅，会出现贫血、肝炎、肺炎、肺气肿、心绞痛、神经衰弱等多种症状。

环保世纪呼唤无轨电车。从发展绿色交通、保护环境、节约能源的角度看，无轨电车使用的是清洁、廉价的电能源，尾气零排放，无污染，低噪音，有显著的环保效应。每辆汽车的年排污量高达 4 吨以上，主要是一氧化碳、氮氧化合物等对人体十分有害的物质；而无轨电车排放的一氧化碳等四项主要污染指标几乎为零。

我国水电资源丰富，水电作为一种可再生的清洁能源，是我国发展电气化产业的有力保障。如今燃油价格不断上涨，电力成本相对低廉，一辆汽车用汽油跑 1 千米约需 0.95 元，而用电只需 0.45 元。因

东京汽车地下专用道建设示意图

此，发展以电为能源的经济型无轨电车，既能合理利用能源，节约不可再生的油气资源，又对环保有利。

无轨电车自身的确存在着需要布设线网和机动性较差等弱点，但通过技术更新和线网改造，无轨电车完全可以改变原貌，克服差、乱、故障高的弊病。采用精美优质电杆和整齐、简明的线网，无轨电车与城市景观可以协调一致。

从世界范围来看，电车的发展经历了一段建设—拆除—重建的曲折过程，20 世纪六七十年代逐步减少甚至取消的无轨电车重新回到城市，出现电车回归热。在莫斯科、旧金山、米兰、温哥华等欧美许多著名城市，无轨电车成了城市公共交通的主力。有无轨电车王国之称的俄罗斯，全国电车共有 8 万辆之多；美国如今已恢复了六七十年代淘汰的电车；日本广岛

79

明确提出电车优先。

在我国，北京、上海、广州等城市开始重新评价和认识无轨电车，带头加大无轨电车的投资和建设力度，以重振电车雄风。专家预言，无轨电车将成为以"环保世纪"著称的 21 世纪常规城市绿色公交的主力。电动公交车已被列为"十五"规划重点发展专项，绿色奥运也要求我们发展更多的无轨电车。电动车使用的铅酸电池实行全封闭、免维护，基本可视为零污染。电动车作为一种具有环保和节能优势的绿色车型，是未来公共交通的发展方向。

6. 无人驾驶巴士送客到家

未来城市居民可以把无人驾驶巴士叫到自家门前，想去哪儿就去哪儿，巴士会把他们直接送到各自的目的地。在拥挤的街道上，由激光制导装置控制的，"无人驾驶巴士"能够有效缓解交通拥堵，减少一半以上的乘车时间。在行驶过程中，无人巴士将按照路面上的磁路标行驶，其自身配备的障碍探测与防撞系统可以有效防止与其他车辆和行人发生碰撞。这种巴士将使用电力驱动，在居民住宅区的街道，它的最高时速可达 40 千米；而在主路专用线路，时速可提高到 70 千米。无人驾驶巴士系统在设计上保留了个人交通服务的优点，同时又避免了由私家车引起的拥堵和污染问题。系统安装费用比较昂贵，但运营成本却要比现行的公交系统少得多，因为光支付司机的工资就占了一辆巴士运营成本的 60%。除此之外，它的票价也和现行的巴士差不多。这一公交概念由英国皇家艺术学院和一些运输公司联合开发，伦敦交通局计划在 2012 年使用该系统运送斯特拉特福德奥林匹克公园周围的观众和运动员。

7. 地下交通系统让城市重心下移

国际上有学者预测 21 世纪是全球开发利用地下空间的世纪，人类越来越多的活动将会转入地下；并认为这是解决越来越严重的土地紧缺、环境污染、交通拥塞、能源浪费、防灾安全等问题的战略性方向。交通拥挤是 21 世纪不变的城市问题，城市道路建设赶不上机动车数量的发展也是 21 世纪城市发展的规律。21 世纪人类对环境、美化和舒适的要求越来越严格。人们的环境意识和对城市的环境要求将越来越加强和提高，以前修建的高架路，如美国波士顿 1950 年建成的中央干道将转入地下。地下交通将成为大城市和高密度、高城市化地区城市间交通的最佳选择。以地铁为例，据统计，城市规模越大、人口越多，采用地铁建设方式的比重越高。在轨道交通的建设方式上，人口 200 万以上的城市采用地铁条数占 77.5%，运营长度占 90.5%；人口在 100 万～200 万的城市，采用地铁线路条数占 69.3%，运营长度占 64.0%。即使采用轻轨，在市区也以地下为主，在郊区则居地面。即使郊区铁路，进入市区也转入地下。进入 21 世纪以来，随着国内城市人口剧增、环境污染、城市交通拥堵的日益严重，加速城市地下交通建设，实施综合性的地下空间开发得到越来越多业内人士的认同。

利用地下空间建设地下交通可以起到以下作用：提高土地利用率；节省土地资源；缓解中心城市车流密度；人车立体分流；疏导交通；扩充基础设施容量；增加城市绿地；保持历史文化景观；减少环境污染；改善城市生态。

未来地下交通的主要功能和特点是：

未来的城市生活

——先进的集运系统。集运车辆系统线选用了自动旅客输送系统，无人驾驶、全自动运行。系统车辆采用橡胶轮胎，由计算机全自动控制。具有运量适中、安全、噪音小等优势。

——实现人车分流。专供城市居民步行、自行车行驶的地下交通系统，下面则是干发达地下车行交通系统。

——轨道交通是地下交通的主要工具。地下不仅有四通八达的地铁线，而且有专为解决地面机动车辆交通拥挤问题"量身而做"的汽车地下专用道，汽车地下专用道是与地面汽车通道在空间上平行的一条专门为缓解交通压力而设计的道路，能缓解地面交通，减少城市空气污染。

——智能化火灾自动系统。在该核心区消防监控中心，工作人员可在电脑上监控数据，停车、收费以及紧急情况下的疏散都将变得方便、可靠。

——空间资源共享。地下空间将被整合为一个统一的空间体系，进行系统设计，实现地下资源共享。

除了有地下交通外，还会建设一个使用智能化交通诱导系统的地下广场，有了这个系统，人们能及时地了解城市的交通状况，快捷便利地到达目的地。而地下车库里，有多少空车位，分布情况如何，也都一目了然。运筹帷幄、独具匠心，我们相信通过人类的不断努力探索，依托城市轨道交通带动地下空间综合开发的实践成果会越来越丰硕，人类居住的城市定会越来越美好！

8. 智能化的交通管理系统

交通堵塞几乎是每个大城市都要面对的一个问题，美国平均每位驾车者每年因为堵车要在路上耽搁 36 个小时，目前这个数字还在增长之中，而由此造成的经济损失则高达 780 亿美元，这就意味着 45 亿小时的时间和 68 亿加仑的汽油被白白浪费掉了。为了治理交通堵塞所花费的资金则更多。科学家正在致力于寻求用新的低成本的交通管理辅助设备来取代过去的设备。未来的数字化设备会给我们的交通带来许多改变，交通将朝着智能化的方向迈进。21 世纪将是公路交通智能化的世纪，人们将要采用的智能交通系统，是一种先进的一体化交通综合管理系统。在该系统中，车辆靠自己的智能在道路上自由行驶，公路靠自身的智能将交通流量调整至最佳状态，借助于这个系统，管理人员对道路、车辆的行踪将掌握得一清二楚。

工业化国家在市场经济的指导下，大都经历了经济的发展促进汽车的发展，而汽车产业的发展又刺激经济发展的过程，从而使这些国家尽早实现了汽车化的时代。汽车化社会带来的诸如交通阻塞、交通事故、能源消费和环境污染等社会问题日趋恶化，交通阻塞造成了经济巨大的损失，迫使使道路设施十分发达的美国、日本等也不得不从以往只靠供给来满足需求的思维模式转向采取供、需两方面共同管理的技术和方法来改善日益尖锐的交通问题，这些建立在汽车轮子上的工业国家在探索既维护汽车化社会，又要缓解交通拥挤问题的办法中，旨在借助现代化科技改善交通状况，达到"保障安全，提高效率、改善环境、节约能源"的目的的智能化交通概念便逐步形成。

智能交通是一个利用现代电子信息技术来服务交通运输的系统。它的突出特点是以信息的收集、处理、发布、交换、分析、利用为主线，为交通参与者提供多样性的服务。其实，仔细观察不难发现，智能交通系统已经深入我们生活的方方面面，如电子警察、GPS、不停车收费公路等都属于智能交通范畴。

83

未来的城市生活

在公路交通智能化飞速发展的 21 世纪，智能交通技术将多项技术结合在一起，以人工智能控制交通领域的方方面面，它的普及将有效地减少交通事故的发生，降低环境污染，有效合理利用资源，也有助于最大限度地发挥交通基础设施的优势效能，提高交通运输系统的运行效率和服务水平，为公众带来出行的方便。数种因素结合下，智能交通必然会成为未来城市交通的主角，人们的交通出行也将逐渐走向"智能化"。可以立体停放的自行车、能够实时报告公交到达时间的停车牌、电子警察的运用、车牌识别技术的发展……智能交通越发深入我们的日常生活，将先进的科技与日常交通融会贯通，将人、车、路、环境等多种要素以传统交通无法比拟的动态方式组合在一起形成一个崭新的系统。在这个系统当中，人们赋予机器"思考"的能力：车辆能够在道路上自由行驶，道路可以依靠自身的智能将交通流量调整至最佳状态……高效、安全、舒适、畅通、准确、瞬息万变的时代科技改革了生活、改善了整个运输系统的运行。

另外未来的高速公路也将实现智能化，高速公路将以计算机管理为主体，广泛采用各种电子技术。在高速公路出入口，车辆通过时将不用专人直接收费，而是以特制的贴在车窗上的电子卡片让联网计算机识别，它会自动收取通行费，因为届时每辆车都有一个账户。电子系统使收费变得简单、快速，并且不会出错，将避免由于人为因素而导致的通行费款项流失。在整条高速公路上，电子监视系统日夜工作。一方面管理人员可以通过画面来了解车辆的行驶情况，相机与分析仪会自动测量车速，并在转弯和陡坡地段对超速车辆发出警告信号，还会将这些情况记录在管理中心的主控计算机上，作为处罚记录。一旦发生事故，无论是白天还是晚上，这种监视系统会立即向控制中心发出警报，管理人员就可立刻得知事故发生地点，于是清障和救援

84

的直升机就会迅速赶到现场，一方面救助伤员，在事故发生瞬间后，警告信号就会沿路继续发布，以使其他车辆减速，防止追尾。

有些汽车的车况很差，比如制动失灵、车体倾斜等，是不适宜在高速公路通行的。这在出入口的测试路面上就能被电子传感器感知。对于一些超限、速度不够以及可能对路面造成损害的车辆，传感器会作出甄别，自动拒绝通行。这将防患于未然，把事故隐患消灭于萌芽之中。高速公路虽然事故率低，但由于车速过高，一旦发生事故就将是很严重的，因此传感器的使用是极有价值的。

在高速公路修建时，路面下将埋设包括传感系统和快凝的修补液等智能材料，使之自动修路。当路面出现裂隙时，传感器会通知管理中心的计算机，而修补液会起到暂时的填补作用，迅速膨胀的高分子材料会马上填充裂隙，使高速公路在短时间内仍可继续使用。对于路面下出现的问题，这种系统尤为关键，它会减少事故的发生，并为以后的修补赢得宝贵的时间。

为了使高速公路适应智能汽车行驶，将在路面设置磁性传感器，以便于自动驾驶车辆的电子探头感知，利于车载电脑正确判断路况，这样，行驶中的智能汽车就可根据前后车辆和路上障碍作出减速、转弯和进出高速公路的反应，这将极大地提高高速公路的行驶速度和通行量。智能电子系统的反应时间是 0.05 秒，而人的反应在 0.5 秒以上。这将使高速公路的限速朝着 300 千米的时速迈进。也许未来的高速公路还会设置自动清理系统，使行驶的车辆在雨雪天不受路滑的影响。智能化是高速公路发展的趋势，其智利于汽车安全，其能利于汽车行驶。

第三章　未来城市的能源利用

我们生活在城市时代，到 2030 年，全世界将有 60% 的人口生活在城市中。到 2015 年，全球将出现超过 21 座千万人口以上的巨型都市。城市仅占世界面积的 2%，但消耗了全球 75% 的能源。能源已成为城市经济发展和环境维护平衡时需要解决的最根本最重要的问题。经济越发达，生活水平越高，能源需求就越大。能源储存的有限量问题促使人类去开发、寻找、应用新的替代能源。如何解决能源危机，为未来城市的发展注入新的活力，新能源的开发和利用无疑已成为当务之急。

新能源又称非常规能源，是指传统能源之外的各种能源形式。未来城市新能源主要是指太阳能、风能、地热能、生物质能、地热能、海洋能和核能等。

新能源的各种形式都是直接或者间接地来自于太阳或地球内部所产生的热能，包括了太阳能、风能等，还包括可再生能源衍生出来的生物燃料和氢所产生的能量。据估算，每年辐射到地球上的太阳能为 17.8 亿千瓦，其中可开发利用 500 亿~1000 亿度。但因其分布很分散，目前能利用的甚微。地热能资源指陆地下 5000 米深度内的岩石和水体的总含热量。其中全球陆地部分 3 千米深度

86

内、150℃以上的高温地热能资源为140万吨标准煤，目前一些国家已着手商业开发利用。世界风能的潜力约3500亿千瓦，因风力断续分散，难以经济地利用，今后输能储能技术如有重大改进，风力利用将会增加。海洋能包括潮汐能、波浪能、海水温差能等，理论储量十分可观。随着技术的进步和可持续发展观念的树立，过去一直被视作垃圾的城市工业垃圾和生活有机废弃物被重新认识，作为一种能源资源化利用的物质而受到深入的研究和开发利用，因此，废弃物的资源化利用也可看作是新能源技术的一种形式。

相对于传统能源，新能源普遍具有污染少、储量大的特点，对于解决当今世界日益严重的环境污染问题和资源（特别是化石能源）枯竭问题以及人类未来的发展具有重要意义。

1. 新能源的发展现状和趋势

目前新能源在一次能源中的比例总体上偏低，一方面是与不同国家的重视程度与政策有关，另一方面与新能源技术的成本偏高有关，尤其是技术含量较高的太阳能、生物质能、风能等。据预测研究，在未来30年能源发电的成本将大幅度下降，从而增加它的竞争力。可再生能源利用的成本与多种因素有关，因而成本预测的结果具有一定的不确定性。但这些预测结果表明了可再生能源利用技术成本将呈不断下降的趋势。部分可再生能源利用技术已经取得了长足的发展，并在世界各地形成了一定的规模。目前，生物质能、太阳能、风能以及水力发电、地热能等的利用技术已经得到了应用。

世界可再生能源发展的现状

从20世纪70年代开始，尤其是近年来，新能源利用技术已经取得了长足的发展，并在世界各地形成了一定的规模，逐渐成为常规能源的一种替代能源，世界上许多国家或地区将可再生能源作为其能源发展战略的重要组成部分。目前，生物质能、太阳能、风能以及水力发电、地热能等的利用技术已经得到了应用。国际能源署（IEA）对 2000～2030 年国际电力的需求进行了研究，研究表明，来自新能源的发电总量年平均增长速度将最快。IEA 的研究认为，在未来 30 年内非水利的新能源发电将比其他任何燃料的发电都要增长得快，年增长速度近 6%，在 2000～2030 年间其总发电量将增加 5 倍，到 2030 年，它将提供世界总电力的 4.4%，其中生物质能将占其中的 80%。2002 年全世界消费的可再生能源近 30 亿吨标准煤，约相当于全球一次能源消费总量的 1/3，其中传统可再生能源约占 85%，新的可再生能源约占15%。在新的可再生能源中，风力发电是发展最快的。在过去的 6 年里，风电的年平均增长率达到了 22%，2004 年新增装机 797.6 万千瓦，全球累计风电装机达到 4731.7 万千瓦。欧洲是世界风电发展最快的地区，2004 年全球新增风电装机的 72.4% 在欧洲，15.9% 在亚洲，6.4% 在北美。2003 年，欧洲风力发电量达到 600 亿千瓦时（相当于欧盟 15 国 2.4% 的电力），满足1400 万户家庭的电力需求。太阳能发电也发展很快。2004 年，全球光伏电池的生产首次超过了 100 万千瓦，比 2003 年增长了 60%。太阳能热水器是完全商业化了的可再生能源技术，我国是世界上最大的太阳能热水器生产国者和消费国。国际能源机构（IEA）的一项研究提供的 2001 年统计数据表明，太阳能集热器的全球总计安装面积为 1 亿平方米，排在前位的国家是中国（3200 万平方米）、美国（2340 万平方米）、日本（1210 万平方米）和欧洲（1120 万平方米）。无论是光伏发电还是太阳能热水器产业，未来的主流趋势是发展太阳能一体化建筑技术。

生物质资源是多样化的，在全世界应用广泛。2002年底全球生物质能源发电装机超过5000万千瓦，生物液体燃料超过2000万吨。德国在利用厌氧发酵（沼气工程）处理废弃物发电技术方面走在了世界的前列，目前已建成1900个沼气工程，2004年沼气发电装机27万千瓦。与此同时，地热能和海洋能的开发利用也都取得新的进展，为进一步发展奠定了基础。

世界可再生能源发展的趋势

纵观世界可再生能源发展，有以下几大趋势：

（1）技术水平不断提高，成本持续下降。以风力发电为例，自20世纪80年代初以来，风力发电的单机容量从10千瓦，上升到几千千瓦。2003年世界安装的风机平均单机容量已经达到1300千瓦，风电成本从80年代初的20美分/千瓦时，下降到目前的5美分/千瓦时左右，其中自90年代以来，成本就下降了50%。据预测，2000至2010年风电成本还可以下降30%。届时，风电成本基本上可以和常规能源发电相当。

（2）发展速度加快，市场份额增加。进入20世纪90年代，以欧盟为代表的地区集团，大力开发利用可再生能源，取得了积极的成果，连续十多年来，可再生能源的年增长速度在15%以上。近年来，以德国、西班牙等国为代表，一些国家通过立法等方式，进一步加快了可再生能源的发展步伐，1999年以来年均增长速度达到30%以上。发展较快的西班牙，2002年风力发电占到全国电力供应量的4.5%，德国在过去的11年间，风力发电增长了21倍，2003年占全国发电量的4%；瑞典和奥地利的生物质能源在其能源消费结构中的比例高达15%以上；巴西生物液体燃料替代了50%的石油进口。

（3）可再生能源已成为各国实施可持续发展的重要选择。可再生能

未来的城市生活

源，由于其清洁、无污染、可再生，符合可持续发展的要求而受到发达国家的青睐。世界各发达国家都制定并实施了一系列宏大的计划和工程。欧盟是世界可再生能源发展最快的地区，也是受益最多的地区。北欧部分国家甚至提出了利用风力发电和生物质发电逐步替代核电的战略目标。

（4）可再生能源是一种朝阳的产业，孕育着巨大的潜在经济利益。当今世界上，新能源作为新兴产业在国民经济中的作用和影响已越来越大。据欧洲风能协会统计，2002年全世界风电市场产值在70亿欧元，开发出的电力可以满足4000万人的需求；预计2020年全世界风机规模将达到12亿千瓦，年营业额在670亿欧元。光伏发电市场发展前景也很广阔，据欧盟估计，全球光伏市场到2020年将增加到7000万千瓦，光伏发电将解决非洲30%、OECD国家10%的电力需求。澳大利亚在新世纪能源规划中，提出2010年前建立年销售额40亿美元的可再生能源市场；美国进一步加强了光伏发电技术开发与制造，估计到2020年美国将占领全球太阳光伏电池的一半。另外，全世界生物质能源的商业化利用将达到1亿吨油当量，并形成千万吨级规模的生物液体燃料的生产能力。根据欧洲太阳能协会的预测，到2020年，全球可能拥有14多亿平方米的宏大市场。欧盟计划到2015年安装大约1.9亿平方米的太阳能热水器，相当于提供3700万千瓦和930亿千瓦时的电力和电量。

可再生能源不仅拥有良好的经济前景，而且，随其产业化的发展，将提供越来越多的就业机会。美国学者认为，投资于能源效率和太阳能等技术所创造的就业机会大约是石油、天然气的2倍。在欧洲已经形成了相当数量的可再生能源方面的就业人口。据欧盟的估计，当2010年欧洲风力发电达到约4000万千瓦、光伏发电300万千瓦、生物质能发电1000万千瓦和太阳能集热器1亿平方米时，总计可提供约150万个就业机会，而且这还不包括每年可能有170亿欧元商业出口所创造的、额外的潜在35万个就业机会。由此可见，可再生能源产业对经济发展的潜在影响和作用是巨大的。

2. 万古长青的太阳能

太阳能一般指太阳光的辐射能量，它是地球上许多能量的来源，如风能、化学能、水的势能等是由太阳能导致或转化而成。太阳能的利用在城市生活中扮演着重要的角色。从手机到建筑屋顶，从汽车到家用电器，从太阳能照明到太阳能发电，似乎一切装备都开始在寻求使用太阳能电池板来提供能量的可能性。而太阳能的利用方法主要还是以下两种：一、通过光电转换把太阳光中包含的能量转化为电能；二、利用太阳光的热量加热水，并利用热水发电等。

我国刚刚通航的青海省玉树巴塘机场照明全部采用了太阳能路灯且采用了较为先进的太阳能路灯控制器技术，为我国下一步大面积使用太阳能照明奠定了基础。

甘肃某公司研发了一套"太阳能与建筑一体化热水供应系统"，并在其开发的项目的建设中进行应用和推广，实行太阳能采热系统与建筑的同步设计、同步施工。该系统在解决太阳能采热与建筑一体化上取得重大突破，实现太阳能与建筑的完美结合，实现了节能环保与实用美观的双效统一，在未来的城市建设中有着重要的应用前景。

日本近日研制出全球首个以太阳能为动力的大型货船"御夫座领袖号"（Auriga Leader）。尽管"御夫座领袖号"太阳能货船还不是完全以太

未来的城市生活

阳能为动力的货船，但是它的环保意义十分重大，人们终于将太阳能这种清洁能源应用到货船运输领域。环保专家表示，如果世界各国能大量使用太阳能货船运送物资，那么每年的温室气体排放量能减少大约 1.4% ~ 1.5%。随着技术的逐渐成熟，可以预见，在不久的将来，完全以太阳能为动力的货船将走进我们的生活。

御夫座领袖号

此外，还有法国大学生设计出的世界上第一个太阳能动力飞艇，配备太阳能电池的手机，以及人们很熟悉的太阳能热水器，可以说太阳能已经走进了人们生活的方方面面。随着科技的发展，在未来的城市生活中，太阳能的利用必将为缓解城市能源危机和环境危机发挥重要作用。

3. 新时代的"古老"能源——风能

风能是空气在太阳辐射下流动所形成的。风能作为一种清洁的可再生能源，越来越受到世界各国的重视。其蕴量巨大，全球的风能约为 2.74×10^9 兆瓦，其中可利用的风能为 2×10^7 兆瓦，比地球上可开发利用的水能总量还要大 10 倍。中国风能储量很大、分布面广，仅陆地上的风能储量就有约 2.53 亿千瓦。

风力发电，是当代人利用风能最常见的形式，自 19 世纪末，丹麦研制成风力发电机以来，人们认识到石油等能源会枯竭，才重视风能的发展，利用风来做其他的事情。

1977年，联邦德国在著名的风谷——石勒苏益格—荷尔斯泰因州的布隆坡特尔建造了一个世界上最大的发电风车。该风车高150米，每个桨叶长40米，重18吨，用玻璃钢制成。到1994年，全世界的风力发电机装机容量已达到300万千瓦左右，每年发电约50亿千瓦时。

2009年，英国工程师理查德·杰金斯驾驶风力车"绿鸟"以每小时202.9千米的速度打破了1999年3月20日由美国人鲍勃·舒马赫驾驶"铁鸭"创造的每小时187.8千米的风力车速度纪录。据悉，杰金斯耗费10年时光和心血打造出来的"绿鸟"风力车是一种较为先进的交通工具，采用了飞机和F1赛车的技术。专家说："我们正走进这样一个时代，化石燃料走向尽头，可再生能源陆续登场。任何东西都不能像'绿鸟'一样成为这个历史分水岭的标志。未来汽车并不使用化石燃料作为动力，而是使用类似风能这样的可再生能源，在今后20年，风能将是一种主要新能源，驾驶风力汽车也将不再是一个难以实现的梦想。"

风力车"绿鸟"

2009年，北京官厅风电场一期工程最后10台风机正式并网发电。这标志着北京地区风能开发利用实现零的突破，北京没有直接使用风电的历

93

史结束了。"官厅风电场平均每天可向电网输送绿色电力 30 万度,每年提供约 1 亿度的绿色电力,可以满足 10 万户家庭生活用电需求。"北京市发改委相关负责人表示。根据测算,官厅风电场启用后,北京市使用这种绿色电力,相当于全年减排二氧化碳 10 万吨、二氧化硫 782 吨、一氧化碳 11 吨、氮氧化物 444 吨,同时节约煤炭 5 万吨。

随着全球经济的发展,风能市场也迅速发展起来。自 2004 年以来,全球风力发电能力翻了一番,2006 年至 2007 年间,全球风能发电装机容量扩大 27%。2007 年已有 9 万兆瓦,这一数字到 2010 年将是 16 万兆瓦。预计未来 20~25 年内,世界风能市场每年将递增 25%。随着技术进步和环保事业的发展,风能发电在商业上将完全可以与燃风能与其他能源相比,具有明显的优势,它蕴藏量大,分布广泛,永不枯竭。尽管风能的利用占地较多,不宜在城市进行,但可将适宜利用地的风能进行发电,输入城市,可缓解城市用电紧张局面,为工业发展和人民生活提供能源保障。同时,中国风力发电行业的发展前景十分广阔,预计未来很长一段时间都将保持高速发展,同时盈利能力也将随着技术的逐渐成熟稳步提升。2009 年该行业的利润总额将保持高速增长,经过 2009 年的高速增长,预计 2010、2011 年增速会稍有回落,但增长速度也将达到 60% 以上,因此也可作为城市的经济产业,促进城市发展。

4. 最广泛存在的能量源——生物质能

所谓生物质能(biomass energy),就是太阳能以化学能形式贮存在生物质中的能量形式,即以生物质为载体的能量。它直接或间接地来源于绿色植物的光合作用，可转化为常规的固态、液态和气态燃料，取之不尽、用之不竭，是一种可再生能源，同时也是唯一一种可再生的碳源。目前，很多国家都在积极研究和开发利用生物质能。但目前的利用率不到3%。目前人类对生物质能的利用，包括直接用作燃料的有农作物的秸秆、薪柴等；间接作为燃料的有农林废弃物、动物粪便、垃圾及藻类等，它们通过微生物作用生成沼气，或采用热解法制造液体和气体燃料，也可制造生物炭。现代生物质能的利用是通过生物质的厌氧发酵制取甲烷，用热解法生成燃料气、生物油和生物炭，用生物质制造乙醇和甲醇燃料，以及利用生物工程技术培育能源植物，发展能源农场。

加拿大亚伯达可再生柴油示范基地（ARDD）发布的一份研究称油菜子可作为寒冷天气用可再生柴油的生产原料。"ARDD 的研究表明油菜子生物柴油及相关混合物尤其适合在寒冷的冬天使用"，研究中油菜子可再生柴油的混合比例为冬季月份2%，春季和夏季月份5%，而油菜子可再生柴油则由75%的菜子油和25%的动物脂组成。混合柴油在低温下没有表现出任何异常。

而诺维信公司、中粮集团日前与中国石化集团合作的开发利用农作物废料玉米秸秆生产第二代燃料乙醇的项目则把我国生物质能的开发推向了规模化商业生产的流程。与石油燃料相比，第二代燃料乙醇能将温室气体排放量至少降低90%。纤维素燃料乙醇只需耗用极少或者根本无需使用矿物燃料，并能够向电网供电，这对于降低空气污染、缓解能源压力有重大意义。

随着城市规模的扩大和城市化进程的加速，世界城镇垃圾的产生量和堆积量逐年增加。1991 和 1995 年，仅我国工业固体废物产生量分别为

95

5.88 亿吨和 6.45 亿吨，同期城镇生活垃圾量以每年 10% 左右的速度递增。1995 年中国城市总数达 640 座，垃圾清运量 10750 万吨。而且这些垃圾的构成已呈现向现代化城市过渡的趋势，有以下特点：一是垃圾中有机物含量接近 1/3 甚至更高；二是食品类废弃物是有机物的主要组成部分；三是易降解有机物含量高。这些特点给我们留下了很大的研究和开发利用的空间，技术成熟后，不仅可以有效缓解城市能源危机，还可以解决城市垃圾问题，保护环境。

垃圾发电厂

我国重庆一垃圾发电厂装备了国产的焚烧炉，焚烧炉是垃圾发电核心设备，国产焚烧炉更适合国情——发达国家早已实现了垃圾分类，而我国的垃圾中，菜叶剩饭和废布料、纸片等混在一起，国产的焚烧炉就是为混合垃圾度身打造。

该垃圾发电厂负责人称，电厂现在每天可"吃掉" 1500 吨垃圾——这是主城日产生垃圾总量的近五成，一年发电超 8000 万千瓦时，年利润达到 4000 万元左右，可满足近 5 万户居民的用电需求。

世界各国在垃圾发电方面的投入越来越大，技术也慢慢成熟，这在未来的城市生活中，不仅解决了垃圾处理的难题，更为人们提供了新的能源来源！

5．来自地球深处的力量——地热能

地热能是一种洁净的可再生能源。它具有热流密度大、容易收集和输送、参数稳定（流量、温度）、使用方便等优点，已成为人们争相开发利用的热点。运用地热能最简单和最合乎成本效益的方法，就是直接取用这些热源，并抽取其能量。近年来，随着国民的经济迅速发展和人民生活水平的提高，采暖、空调、生活用热的需求越来越大，是城市建筑物用能的主要部分。建筑物污染控制和节能已是城市发展面临的一个重大问题。特别是冬季采暖用的燃煤锅炉的大量使用，给大气环境造成了极大的污染。因此，地热能直接利用，实现采暖、供冷和供生活热水及娱乐保健，建成地热能综合利用建筑物，已是改善城市大气环境、节省能源的一条有效途径，也是这几年来全球地热能利用的一个新的发展方向和趋势。

2002 年在广东省某地投入运行了以 75℃ 地热水为驱动的地热制冷、采暖示范系统，机组制冷量为 100 千瓦，耗电仅 18 千瓦，系统节能效果显著。而北京市和天津市为减少化石燃料的使用，改善两市的大气环境，利用地热水进行冬季供暖也取得了良好的效果。

地热能

未来的城市生活

地热能的另一种形式主要是地源能，包括地下水、土壤、河水、海水等，地源能的特点是不受地域的限制，参数稳定，其温度与当地的年平均气温相当，不受环境气候的影响，由于地源能的温度具有夏季比气温低、冬季比气温高的特性，因此是用于热泵夏季制冷空调、冬季制热采暖的比较理想的低温位冷热源。

地热能的另一大用途就是用来发电，根据 1996 年 6 月世界可再生能源大会统计，全世界地热发电的装机容量为 6543 兆瓦。目前，有 21 个国家在利用地热能发电，其中装机容量在 500 兆瓦以上的国家有美国、菲律宾、匈牙利、冰岛。除此之外，许多发展中国家也在积极利用地热发电以补能源的不足。

上个世纪末，联合国（UN）就与世界银行共同发起建立基金，出资帮助能源勘探人员到非洲大裂谷开采地热资源，以开发大裂谷的地热发电潜力，满足东非国家的生产和生活用电。

在美国，已经有许多州县准备对自己境内的潜在地热能进行开采和利用。美国阿拉斯加州州政府正在对阿拉斯加州境内最大的火山群进行勘测，旨在找出可利用的地热能源。据有关专家预计，这些火山群和附近的温泉能够解决州内超过 25% 的能源供应。

我国适于发电的高温地热资源主要分布在西藏、云南、台湾等地区。全国地热电站总装机容量为 304 兆瓦，发电量排名世界第 12 位。著名的西藏羊八井地热电厂已建成一座 25 兆瓦以上的工业型地热电站，到 1996 年底已发电 11 亿千瓦时，为缺煤少油的拉萨名城供电作出重大贡献，不愧为世界屋脊上的一颗明珠。

可以想见，随着地热能开发力度的不断加大，地热能必将在我们未来的城市生活中扮演重要角色。

6. 绝对环保的海洋能

海洋能是指蕴藏于海水中的各种可再生能源，属于清洁能源，其本身对环境污染影响很小。海洋通过各种物理过程接收、储存和散发能量，这些能量以潮汐、波浪、温度差、盐度梯度、海流等形式存在于海洋之中。主要包括温差能、潮汐能、波浪能、潮流能、海流能、盐差能等。目前世界各国对海洋能的开发利用已初具规模。

波浪发电。目前，海上导航浮标和灯塔已经用上了波浪发电机发出的电来照明。大型波浪发电机组也已问世。我国也在对波浪发电进行研究和试验，并制成了供航标灯使用的发电装置。

潮汐发电。目前，世界上最大的潮汐发电站是法国北部英吉利海峡上的朗斯河口电站，发电能力24万千瓦，已经工作了30多年。目前中国最大的潮汐电站是江厦电站，已正常运行近20年。该电站是1974年在原"七一"塘围垦工程的基础上建造的，先后安装了6台机组，单机容量从500千瓦到700千瓦，最后一台机组是2007年10月投入运行。目前总装机为3900千瓦，是世界第三大潮汐电站除江厦电站外，到目前为止，我国正在运行发电的潮汐电站还有7座，如海山潮汐电站、沙山潮汐电站、福建平潭县潮汐电站等。

99

波浪发电

潮汐发电

当前，世界各国对于温差能、海流能、盐差能等的利用，水平相对较低，因此发展空间较大，在未来的城市特别是沿海城市的发展中，人们对能源开发的重心会逐步向这方面转移，随着技术的不断发展，这些能量都将逐步被开发利用，海洋能也必定会持久地成为人类重要而清洁的能源来源。

7. 未来世界的"能源巨人"——核能

核能的利用主要是进行核能发电。核能发电是利用核反应堆中核裂变所释放出的热能进行发电的方式。它与火力发电极其相似。只是以核反应堆及蒸汽发生器来代替火力发电的锅炉，以核裂变能代替矿物燃料的化学能。核能发电利用铀燃料进行核分裂连锁反应所产生的热，将水加热成高温高压，核反应所放出的热量较燃烧化石燃料所放出的能量要高很多（相差约百万倍），比较起来所需燃料体积比火力电厂少相当多。

在未来的城市建设中，核能发电将会成为主要的能源，因为核能发电不会造成空气污染，也不会产生温室效应的二氧化碳，而且用的燃料体积小，运输与储存都很方便，一座 10^5 万瓦的核能电厂一年只需 30 公吨的铀燃料，一航次的飞机就可以完成运送。因此核电站可建在城市建设最需要的工业区附近。在未来如果人类掌握了核聚变反应技术，那么还可以使用海水做燃料，进行发电，可以说是取之不尽，用之方便。

核能在未来生活中的另一个应用就是进行海水淡化。目前全世界的水资源可谓是极度缺乏，可饮用淡水资源在若干年以后就将枯竭，人类必须为未来的生活寻找新的水源，海水淡化便是一种方法，但海水淡化要消耗电能，按照惯例，核反应堆产生的大部分热能都浪费了，而核能海水淡化充分利用了这部分能量，在综合性设备中将再生电能和海水淡化所用的热能结合起来，同时也不会产生温室气体。

核能发电

核能海水淡化

另外，现阶段先进反应堆和先进核燃料循环技术的研发也会为未来城市对核能的利用提供机遇。毫无疑问，核能在世界未来能源供应中具有不可替代的作用，可以为未来人类生活的能源供应作出更大的贡献。

未来的城市生活

第四章　未来城市的水资源

水是人类赖以生存的特殊资源。没有水就没有生命。水资源的可持续利用是人类永恒的话题。联合国早在 1978 年就成立了水机制秘书处。从 1993 年起，每年的 3 月 22 日被定为世界水日。2002 年 9 月，在南非召开的可持续发展世界首脑会议将水危机列为未来十年人类面临的最严峻的挑战之一。2003 年被定为国际淡水年。2005～2015 年，联合国启动"生命之水"十年计划，这一计划的目标是将生活在饮用水匮乏条件下的人数减少一半。但据联合国相关机构预计，到2025 年，全世界仍将有近一半人口生活在缺水地区。

水，已经向人类敲响了可怕的警钟。而随着全球各国城市化进程的加快，城市水资源问题同样事关重大。

1.　全球正面临水资源危机

2006 年 3 月 16 日，联合国发布了三年一度的《世界水资源发展报告》。报告称，地球上的河流、湖泊以及人类赖以生存的各种淡水资源状况正以"惊人的速度恶化"。滋养着人类文明的河流在许多地方被掠夺式开发利用，加上工业活动造成的全球暖化，未来的水资源已严重受到威胁——全球 500 条主要河流中至少有一半严重枯竭或被污染。联合国副秘书长、联合国环境规划署执行长官克劳斯·特普费尔博士将这一现状形容为"一起正在制造中的灾难"。

　　联合国的这份调查报告让世人直面这样一个事实——世界各地主要河流正以惊人的速度走向干涸，昔日大河奔流的景象不复存在。从非洲的尼罗河到中国的黄河，都面临着水源干枯甚至断流的尴尬境遇。世界第一大河、有埃及"生命之河"称谓的尼罗河以及印度文明的发祥之地、现属于巴基斯坦的印度河到达入海口时的水量被大大减少了，而美国加利福尼亚州北部的科罗拉多河和中国的黄河，则根本难以到达入海口。另外，像约旦河和美国与墨西哥的界河——格兰德河，则因为干涸造成河流长度大大缩减。

　　报告指出，"我们极大地改变了世界范围内河流的自然秩序"。全球最长的 20 条河流上都筑了大大小小的堤坝，全世界大约有 45000 余个大型堤坝，将至少 15% 的水流限制在堤坝内而非流入大海，堤坝覆盖的总面积已接近全球陆地总面积的 1% 。

　　而人类建造堤坝的热情并没有就此打住。报告预测说，"这一需求未来将持续增加"，联合国报告建议各国政府应该禁止在尚保存完好的流域开建新的堤坝和水库项目，让"自由奔腾"的大河继续奔流。

　　而那些逃脱被水坝截流的大河的命运也并不一定顺畅，包括号称水资源最为丰富的亚马逊河在内，很多河流正在饱受全球变暖导致的断流恶果。2005 年秋季，亚马逊河遭遇了 40 年来的最大干旱，由此造成的森林火灾危险和公共健康安全问题严重威胁了沿岸 16 个城市，也使被誉为"地球之肺"和"生物天堂"的亚马逊热带雨林生态环境受到极大挑战。

未来的城市生活

而世界上最长的无坝水道、北美地区主要河流育空河的境遇也好不了多少。河里的大马哈鱼大批死亡——因为水温过高。

报告还指出，河流周围生态系统的"恶化和中毒"已"威胁到依赖河流来灌溉、饮用及用作工业用水的人们的健康与生计"。雪上加霜的是，1/5 的淡水鱼类要么濒临灭绝，要么已经灭绝。河流的枯竭将对人类、动物以及地球的未来造成一系列毁灭性影响。

另一方面，据权威数字显示，世界范围的供水业已经成为年产值达4000 亿美元的生意，是石油的 40%，比全球制药业多 1/3，而且这还不仅仅是开始。19 世纪出现了煤大王、钢铁大王，20 世纪出现了石油大王、船大王，而 21 世纪可能会是水大王的天下。

全球正面临水资源危机。人口高速增长、消费增加、污染严重、对水资源的管理不力都是引发水资源危机的原因。而气候变暖则导致"糟糕的形势更加糟糕"。但各国政府并没有对现实加以应有的关注。"水荒"必然成为未来各国国家事务中的头号大事。

全球水资源现状

◆在全球水资源中，陆地淡水仅占 6%，其余 94% 为海洋水。而在陆地淡水中，又有 77.2% 分布在南北极，22.4% 分布在很难开发的地下深处，仅有 0.4% 的淡水可供人类维持生命。

◆淡水资源的分布极不均衡，导致一些国家和地区严重缺水。如非洲扎伊尔河的水量占整个大陆再生水量的 30%，但该河主要流经人口稀少的地区，一些人口众多的地区严重缺水。再如美洲的亚马逊河，其径流量占南美总径流量的60%，但它也没有流经人口密集的地区，其丰富的水资源无法被充分利用。

◆人类要找到一种理想的水替代品，要比寻找石油和木材等资源的替代品困难得多。此外，人口的增长、生态环境的破坏、管理不善等因素进一步加剧了人类的淡水资源危机。

2. 未来 20 年水资源形势严峻

2006 年 9 月，处于世界领先地位的部分淡水公司用户，200 家最大的食品、石油、水和化学产品公司的科研人员对世界水资源的现状及未来 20 年的严峻形势作出了不容乐观的预测。

来自壳牌、可口可乐、宝洁、嘉吉等公司的分析家们近日表示：随着各国日趋富裕，对水的需求也将日益加大，未来 20 年形势将非常严峻。

他们预测了未来可能发生的情形：内乱加剧、亚洲出现先繁荣后萧条的经济周期，以及大量移民涌入欧洲。但是，分析家又说，水资源稀缺也将鼓励人们开发新的节水技术以及更加合理地管理水。

国际水资源管理研究所说，水资源稀缺的"发展速度"超出预料。该研究所所长弗兰克·赖斯伯曼说："100 年来，全球用水量已增加了 5 倍，到 2050 年还将翻一番，主要是灌溉和农业用水增长所致。有些国家已没有水可供生产粮食使用了。如果情况得不到改善……后果将是更加广泛的水短缺和水价迅速上涨。"

赖斯伯曼说，印度和中国的生活水平提高可能导致人们对高质量粮食的需求增长，而生产高质量粮食要用更多的水。他预测，今后 20 年，为了满足世界粮食总需求增长 50% 的现实，世界各地的水价都将上涨。

据评估，由于埃及没有足够的水自行种植粮食，一半以上的粮食需求依赖进口；而在澳大利亚，由于大量水资源改道用于农业生产，默里－达林盆地也

105

面临着水短缺问题。中亚地区的咸海也是一个例子：苏联时代由于农业用水导致大量河流改道，结果造成普遍缺水，进而造成了世界上最严重的环境灾难。

水资源管理研究所发表的报告指出：世界 1/3 的人口要么生活在用水过度致使地下水位下降、河流干涸的地区，要么生活在水资源稀缺地区。

未来水资源利用的三种前景

1. 大城市的苦恼和非洲的干旱：到 2010 年，人口超过 1000 万的 22 个大城市将面临严重的供水和污水处理问题。中国的形势最为严峻，全国 600 个大城市中有 550 个供水不足。工业用水需求不断增长导致水资源开发过度，可供消费者和农民使用的水资源越来越少。这将导致中国粮食产量下降、进口增加，对其他国家的影响加剧。世界范围内的摩擦和动荡将加剧。企业将因为用水问题而相互指责、争吵。移民浪潮将从日益受干旱折磨的非洲涌入欧洲。

2. 中国将引领循环用水浪潮：到 2010 年，很多发展中国家的供水短缺将成为最严重的政治社会问题。缺水将阻碍发展，乡村地区的穷人将受到伤害，他们的用水及其他需求将让位于不断膨胀的城市和工业。世界各地政府在水资源分配问题上将日益缺乏信任，而贫富差距将由于供水不足而进一步加剧。可是，到 2025 年，全球"水经济"将在中国的带领下向前发展。巨额投资将用于水的循环利用，海水脱盐成本将大大降低。新型水处理小型加工厂将成为标志。

3. 水将成为社会管制手段：水将成为世界各地抗议活动的重要象征。到 2015 年，跨国公司将经常被指控过多地占用了发展中国家的水资源。各国政府开始把水当成社会管制的一种形式。全球将通过农产品的形式"出口"水。

3. 水资源将会是未来战争的导火索

水资源面临的局势越来越严峻。美国新任能源部长朱棣文曾警告，2010年前人类或许会因为水资源的缺乏而造成农业的彻底消失，主要城市都将面临水资源的挑战。如果我们不改变我们生活的方式，那么很快我们就将面临全球范围的经济崩溃——这不是来自金融危机，而是来自水资源危机。

很多专家如今都认为，继反恐战争时代之后，在未来几十年内接踵而至的是资源争夺战，而水资源将成为主要争夺对象之一。西方专家和政治家均对此事表示出严重忧虑。根据英国环境专家公布的一份名为"国际警告"的研究报告，如果人们对水资源保护不力，那么全世界将有 46 个国家在未来因面临环境变差和水资源危机存在爆发暴力冲突可能。另外还有56 个国家可能因同样问题引发政局动荡。

而早在 1995 年，时任世界银行副行长伊斯梅尔·萨拉杰丁就曾表示，下一个世界的战争不是石油战争，而是水战争。在 2006 年召开的讨论气候变暖问题的一次峰会上，当时的英国国防大臣约翰·里德警告说，随着水资源地沙漠化、冰川消融、水库污染等情况愈演愈烈，爆发武装和政治冲突的可能性越来越大。他认为，全球水危机危及世界安全，英国军队应当做好参与解决因水资源耗竭而引起的武装冲突的准备。

做出这种预测的并非只有里德一人。几乎同时，法国国防部长米歇尔·阿利奥·玛丽表示："未来的战争是争夺水资源、能源，可能还有食物的战争。"在粮食危机席卷全球的背景下，米歇尔·阿利奥·玛丽的话值得特别关注。联合国大学校长汉斯·范·金克尔也曾指出，因水资源引发的国际和国内战争有可能成为 21 世纪政治生活的主要内容。

2007 年 4 月，在美国海洋中心提交给美国总统的一份报告中写到，水资源不断减少是国家安全的一项严峻威胁，一些退役的海军和陆军将领提醒总统说，美国未来将被卷入一系列严酷的水资源争夺战之中。

2007 年 12 月 3 日，在日本举行的首届亚太水首脑会议上，联合国秘书长潘基文发表录像讲话认为，洁净水资源短缺可能成为未来国家间发动战争的"有力诱因"。他说："在世界范围内，水资源不断被破坏、浪费和减少，人类最终的归属是坟墓。水资源缺乏威胁着经济和社会财富增长，也是引发战争和冲突的诱因。"

关于水资源的统计数据

地球上的水只有 2.5% 适宜饮用，而且水资源分布得极为不均衡。2006 年底，80 个国家宣称国内水资源短缺。全球人均拥有 7500 立方米的水，欧洲人均拥有水量为 4700 立方米，亚洲的该指标为 3400 立方米。各国的人均耗水量差异很大，欧洲和美国就相差数倍。据联合国评估，目前每年的淡水缺口为 2300 亿立方米，这一数字到 2025 年将上升到 1.3 万亿 ~2 万亿。一些资料显示，再过 1/4 个世纪，2/3 的地球人将遭遇水资源不足的问题。

全球每年有近 600 万公顷的土地变成荒漠。水资源不足会导致卫生条件低下，世界上每天大约有 6000 人因此而丧生。在逾 20% 的陆地上，人类活动已经超出了自然生态系统的负荷。

水质也在恶化，近 95% 的工业废液年年不受监管地被倾倒进江河湖海中。酸雨在很多国家早已不罕见了。如果污染势头得不到遏制，水也许会变成不可再生资源。

4. 城市化加剧城市供水压力

随着水资源的不断开发利用，人类活动对水资源影响的敏感度逐步增大，水资源的开发利用必须以维持正常的生态环境需要为基础，必须考虑水资源的承载能力。但是，在未来的发展中，各国城市依然面临着水资源供需矛盾进一步加剧和水环境压力越来越大的双重压力。对于像中国这样的发展中国家来说，随着城市化进程开始步入加速时期，国内水资源开发利用的重心正逐步由农业供水向城市供水转移。

中国水利水电科学研究院水资源所裴源生说："一般而言，城市化率是随着人均国民生产总值和第二、第三产业占国民经济比例的增加而逐步增加的。目前，我国城市化水平为36%，正处于飞速发展阶段。"根据相关研究预测，本世纪中叶，我国城市化率将达到60%，城市人口约为9.6亿人，是现在城市人口的2倍左右。而随着城市化的发展，城市供水对水资源开发利用的需求将越来越大。专家预测，未来50年内，中国城市供水占总供水量的比例将从现在的25%增长到39%。

裴源生说："到本世纪中叶，我国供水将增加1700亿立方米，其中1400亿立方米用于解决城市用水，即未来新增供水的82%为城市供水。如今，部分地区已经发生一部分农业供水向城市供水转移的现象，这在上世纪七八十年代的美国也曾有过。"有关资料显示，中国当前的水资源开发利用率为20%，供水能力达5640亿立方米，近年供水量在5600亿立方米左右。

而中国工程院发布的一项题为"中国可持续发展水资源战略研究"的综合报告预测，中国用水高峰将出现在2030年左右。在充分考虑节水的情

未来的城市生活

况下，估计用水总量为 7000 亿~8000 亿立方米，要求供水能力比现在增长 1300 亿~2300 亿立方米。扣除必须的生态环境需水后，全国实际可能利用的水资源量约为 8000 亿~9000 亿立方米，预计的用水量已经接近合理利用水量的上限，水资源进一步开发的难度极大。如果不采取有力措施，我国有可能在未来出现严重的水危机。届时，我国人口增至 16 亿，全国人均水资源量将由现在的 2200 立方米降至 1760 立方米。而按照国际上一般承认的标准，人均水资源量少于 1700 立方米的即为用水紧张国家。

同时，随着我国社会与经济的稳步发展，城市对水量与水质的需求不断增加。目前和今后相当长的一段时期内我国供水行业所面临的突出问题是水质问题，一方面水源普遍受到污染，另一方面水质需求标准不断提高。

饮用水水源的污染，致使饮用水水质恶化，对城市居民身体健康构成严重威胁，制约经济进一步发展和影响社会稳定；其中，化学污染物会导致人类基因突变，严重地影响人口的整体素质。水源水质污染的另一个重要方面是氮、磷营养物大量排入水体所导致的水体富营养化，水体中藻类的过量繁殖已经严重影响自来水厂的净化效果。我国水土流失严重，水中天然有机物浓度较高，也增加了饮用水的处理难度。

有机物在氯化消毒过程中与氯作用，不但增加氯耗影响消毒效果，而且生成多种对人体有害的氯化消毒副产物，其中大部分对人体健康构成潜在威胁。特别是传统的预氯化工艺，高浓度的氯与源水中较高浓度的有机污染物直接作用，生成的氯化消毒副产物浓度会更高。

随着我国经济的迅速发展，对城市饮用水水质要求将不断提高，到 2000 年大中型城市一类水司试行的水质指标由现行水质标准的 35 项增加到 88 项，新的国家饮用水标准也即将颁布，将对水中多种微量有机污染物进行严格控制。研究安全、优质饮用水处理技术将是一项非常重要的研究课题，而开源、节流、治污，仍将是解决城市水资源压力的主要途径。

5. 跨流域调水满足城市需要

跨流域调水工程在古代的水利建设中就已被采用，但限于技术条件，主要是在一些平原河道之间或中小河流之间进行调水，用以发展航运或灌溉。公元前486年修建的引长江水入淮河的邗沟工程，可谓中国跨流域调水工程的开创性工程。在国外，最早的跨流域调水工程可以追溯到公元前2400年前的古埃及，从尼罗河引水灌溉至埃塞俄比亚高原南部，在一定程度上促进了埃及文明的发展与繁荣。

20世纪以来，世界各国建成了许多大型的跨流域调水工程，如美国的中央河谷工程和加州引水工程，苏联中亚细亚的调水工程、澳大利亚的雪山工程等。据不完全统计，全球已建、再建或拟建的大型工程有160多项，主要分布在24个国家。这些工程都成为当地农业、工业、城市和人民生活的命脉。

美国西部素有干旱"荒漠"之称。由于修建了中央河谷、加州调水、科罗拉多水道和洛杉矶水道等长距离调水工程，在加州干旱河谷地区发展灌溉面积13340平方千米，使加州发展成为美国人口最多、灌溉面积最大、粮食产量最高的一个州，洛杉矶市跃升为美国第三大城市。

前苏联已建的大型调水工程达15项之多，年调水量达480多亿立方米，主要用于农田灌溉，国内进行调水工程研究的研究所就有100多个。

澳大利亚为解决内陆的干旱缺水，在1949～1975年期间修建了第一个调水工程——雪山工程。该工程位于澳大利亚东南部，通过大坝水库和山洞隧道网，从雪山山脉的东坡建库蓄水，将东坡斯诺伊河的一部分多余水量引向西坡的需水地区。沿途利用落差（总落差760米）发电供应首都堪培拉及墨尔本、悉尼等城市。

巴基斯坦的西水东调工程，从西三河向东三河调水，灌溉农田15341平方千米。使巴基斯坦由原来的粮食进口国变成每年出口小麦150万吨、大米120万吨的国家。

中国已建成或正在建设的跨流域调水工程主要有：天津市和河北省引滦河水到天津、唐山，辽宁省引碧流河水到大连，山东省引黄河水到青岛，广东省从东江引水到深圳，甘肃省引大通河水到秦王川等。江苏省抽引长江水到淮河下游的工程将进一步发展成从长江送水到天津的南水北调东线工程。正在规划研究的还有南水北调中线工程和西线工程，以及引松花江水到辽河的北水南调工程。

调水带来的好处是不言自明的。它不仅使贫水区的开发成为可能，也使受水区增加了广阔的水域、水带与大气圈。含水层之间的垂直水汽交换加强，江湖水量得到补偿调节；调水有助于形成食物链基地，为珍稀和濒危野生动物提供栖息场所；提供廉价无污染水电，促进航运事业发展；使营养盐带入调水体系，有利于鱼类生产与繁殖；调水能增强水自身的净化能力，改善水质；各国调水大坝和渠道一带还都成了风景优美的旅游区。

但是，调水对生态与环境的负面影响，诸如土地淹没、居民迁移、导致污染、引发疾病等，也最让人挠心。值得特别重视的是，调水工程的距离越长、规模越大，对生态与环境的影响就越加复杂化、综合化。如北美水电联盟计划，要淹没数千公里的河谷地区，其中有些是北美最好的野生资源和风景地段，而且还牵涉到国际关系问题。一些调水工程改变了河流流向，产生"逆向河流"，将导致更加严重的生态环境问题。

6. 污水处理实现水资源再生利用

城市污水是城市中各种污水和废水的统称，它由各种生活污水、工业废水和入渗地下水三部分组成。城市污水处理系统是指收集、输送、处理、再生和利用城市污水的设施以一定方式组合成的总体。随着工业化、城镇化的加快，城市污水排放量越来越大，如果不能得到妥善处理，将严重污染环境，影响人居环境质量和城市可持续发展。资料显示，整个水体污染中，农业畜牧养殖业排放量约占40%，工业约占30%，城市污水约占30%～40%。因此，城市污水处理事业的发展好坏十分重要。

在对城市污水的认识上，人们经历过一个由低级到高级的过程。相当长的一个时期，由于技术手段和认识的限制，人们曾经把城市污水看做"废水"。既然是废水，自然就是简单处理完后向下游排掉就可以了。随着经济的发展，城市水资源短缺的压力越来越大，追究城市水危机的根本原因，人们越来越认识到，是水的社会循环超出了水的自然循环可承载的范围。因此，只有充分尊重水的自然运动规律，合理科学地使用水资源，使上游地区的用水循环不影响下游水域的水体功能、社会循环不损害自然循环的客观规律，从而维系或恢复城市乃至流域的良好水环境，才是水资源可持续利用的有效途径。

这就要求我们从"取水—输水—用户—排放"的单向开放型的用水模式转变为"节制地取水—输水—用户—再生水"的反馈式循环流程，提高水的利用效率。实现这一重大用水模式的转变，加强污水再生利用是关键。随着科学技术的进步，城市污水已不再是废水，而是一种宝贵的资源。既然是一种资源，就要最大程度地利用。提高城市污水的再生利用率，一是可以减少污染物排放，二是节约了有限的水资源。华东理工大学教授陆柱建议，城市应当大力推广循环用水、一水多用、污水回收利用等节水措施，统计数据显示，中国废水排放量由 2001 年的 432.9 亿吨增长到 2006 年的 536.8 亿吨，年复合增长率达到 4.39%，其中，工业废水排放量与生活污水排放量分别增长 19.5% 与 30.1%。另据建设部普查，到 2006 年年底，全国 656 个城市共有城市污水处理厂 814 座，日处理污水能力为 6310 万立方米，排水管道长度 26.1 万千米，城市污水年处理总量 201 亿立方米，城市污水处理率 57.01%，其中污水处理厂集中处理率为 44.1%。此外，按照《国务院关于落实科学发展观加强环境保护的决定》和《国务院关于印发节能减排综合性工作方案的通知》要求：到 2010 年，全国设市城市的污水处理率不低于 70%；缺水城市再生水利用率达到 20% 以上。

与发达国家相比，中国污水处理仍存有较大差距。就污水处理率而言，欧美发达国家都在 80% 以上，美国、荷兰等国家的污水处理率近些年甚至超过 90%。

7. 再生水也可成为安全饮用水

再生水是城市的第二水源。它是指污水经适当处理后，达到一定的水质指标，满足某种使用要求，可以进行有益使用的水。和海水淡化、跨流域调水相比，再生水具有明显的优势。从经济的角度看，再生水的成本最低，约为 1~3 元/吨，而海水淡化的成本约为 5~7 元/吨，跨流域调水的成本约为 5~20 元/吨。从环保角度看，污水再生利用有助于改善生态环境，实现水生态的良性循环。

再生水也是污水处理厂处理达标水，一般为二级处理，具有不受气候影响、不与邻近地区争水、就地可取、稳定可靠、保证率高等优点。再生水即所谓"中水"，是沿用了日本的叫法，通常人们把自来水叫做"上水"，把污水叫做"下水"，而再生水的水质介于上水和下水之间，故名"中水"。这类再生水虽不能饮用，但它可以用于一些水质要求不高的场合，如冲洗厕所、冲洗汽车、喷洒道路、绿化等。

再生水工程技术可以认为是一种介于建筑物生活给水系统与排水系统之间的杂用供水技术。再生水的水质指标低于城市给水中饮用水水质指标，但高于污染水允许排入地面水体的排放标准。经过污水处理厂处理过的再生水，首先是回归河道、农业灌溉，将用于河道、农灌的水资源置换出来。而有经济效益的再生水主要是工业用水。如果政府买单的话，再生水未来将大量用在环境用水上。

再生水排向河流，而处理后的污泥则转化为建筑原材料。来自日本滋贺大学的奥野长晴曾在日本东京都政府多年负责市政污水工作。他说，日本的污水处理厂将处理后的再生水排向河流和海洋，而污泥则再利用。有大约86.5%的污泥可以进行焚烧处理，焚烧后的污泥体积仅为原来的1/10，炉渣可以造成墓碑，也可以做成砖块成为土木建筑材料。水泥原材料的2%可以用污泥来替代。

2007年11月，在北京举行了首届"水资源可持续利用国际研讨会"。会议资料显示，水资源紧缺已经成为了制约北京发展的主要瓶颈。如何协调好人、水关系，以有限的水资源保障北京可持续发展，成为北京面临的重大课题。待2010年"南水北调"实现引水到京后，可实现地表水、地下水、再生水、雨洪水、外调水五水联调，达到水资源供需平衡，使严重超采的地下水得以恢复。而随着技术的进步，再生水将有可能成为安全的饮用水。据称，北京未来有可能在饮用水中掺入再生水。而此前有数据表明，在新加坡，每一杯水中就有5%～10%是再生水。

8. 雨水回收利用经济又实用

水资源的缺乏已成为世界性的问题。传统的通过调水、启用备用水源、开采地下水、强化节水、控制用水总量等调控措施，已无法实现水资源供需平衡。在全国 600 多个城市中，有近 400 座城市缺水或严重缺水。水资源不足已成为制约城市经济社会发展的第一瓶颈。以山西省太原市为例，该市人均水资源占有量为 173 立方米，仅为全国人均占有量的 1/12，远低于人均 1000 立方米的严重缺水界线。全国与之类似的城市不在少数。这种情况下，节水是保证供水的重要举措之一，雨水回收利用也是一种既经济又实用的水资源开发方式。

雨水回收利用，是指从自然或人工集雨面流出的雨水进行收集，集中和储存利用，从水文循环中获取水为人类所用。它是将雨水拦截在居民小区，从而减少排放总量，利用地下空间建设蓄水池，将雨水径流收集处理，用于冲厕、洗车、道路浇洒及绿化，在路面、广场、停车场采用透水地面砖、嵌草砖等通水性材料进行铺装，提高雨水的渗透能力，补充地下水，加强对雨水的再回收利用。

雨水回收利用不仅可以大大提高水资源的利用效率，还可以有效改善区域生态环境。它采用了源头治理的方案如截污和弃流，以及过滤消毒的处理措施，大大减少了污染雨水排入水体，也减少了因雨水的污染而带来的水体环境的污染。随着城市的快速发展，不透水面积大幅度增加，使洪水在短时间内迅速形成洪峰，流量明显增加，使城市面临巨大的防洪压力，洪灾风险加大，水涝灾害损失增加，而雨水渗透、回用措施可缓解这一矛盾，延续洪峰径流形成的时间，削减洪峰流量，从而减小雨水管道系统的防洪压力，提高设计区域的防洪标准，减少洪灾造成的损失，减少需由政府投入的防洪设施资金。

但要想保证此系统有效、正常的实施就需要政府部门制定相关的政策，鼓励企业开发雨水利用技术。城市雨水回收利用是一种新型的多目标综合技术，有效利用可以实现节水、水资源涵养和保护、控制城市水土流失和水涝、减少水污染和改善城市和改善城市生态环境等目标，达到现代城市对水资源及生态环境保护与可持续发展的要求。

9. 海水淡化实现百年梦想

海水淡化即利用海水脱盐生产淡水，是人类追求了几百年的梦想。早在 400 多年前，英国王室就曾悬赏征求经济合算的海水淡化方法。从 20 世纪 50 年代以后，海水淡化技术随着水资源危机的加剧得到了加速发展。世界上第一个海水淡化工厂于 1954 年建于美国，现在仍在得克萨斯的弗里波特运转着。佛罗里达州的基韦斯特市的海水淡化工厂是世界上最大的一个，它供应着城市用水。

海水淡化技术的大规模应用则始于干旱的中东地区。1983 年，西亚第一大国沙特阿拉伯在吉达港修建了日产淡水 30 万吨的海水淡化厂；在另一个西亚国家科威特，现在每天可以生产淡水 100 万吨。波斯湾沿岸地区，有的国家的淡化海水已经占到了本国淡水使用量的 80% ~ 90%。在这些西亚盛产石油的国度，往往土地"富得流油"，却打不出一口淡水井。水比油贵的现实，使海水淡化工厂如雨后春笋般出现在西亚的海岸线上。

但由于世界上 70% 以上的人口都居住在离海洋 120 千米以内的区域，

因而海水淡化技术迅速在中东以外的许多国家和地区得到应用。作为淡水资源的替代与增量技术，海水淡化愈来愈受到世界上许多沿海国家的重视。事实上，海水淡化已经成为这些国家解决缺水问题普遍采用的一种战略选择，其有效性和可靠性已经得到越来越广泛的认同。

西班牙是世界上第五大海水淡化生产国，仅排在沙特、美国、卡塔尔和科威特之后。西班牙的第一个海水淡化设备，早在 20 世纪 70 年代就正式投产了。在全世界 70% 以上的海水淡化工厂仍在采用传统的蒸馏法的时候，大多数西班牙海水淡化工厂则采用了先进的反渗透法。过去十年间，西班牙海水淡化的能耗降低了一半。目前，在西班牙，海水淡化的成本约为每立方米 45 欧分；如果用于市政供水，成本完全可以回收，用于农业灌溉的话，政府则提供 30% 的补助。在该国最新一项 38 亿欧元的水资源开发计划中，计划将海水淡化作为应对水危机的关键措施，预计约有一半的新增水量，即每年超过 5 亿立方米的水会来自海水淡化工厂。

进入 21 世纪以来，海水淡化已经成为解决全球水资源危机的重要途径。到 2006 年，世界上已有 120 多个国家和地区在应用海水淡化技术，全球海水淡化日产量约 3775 万吨，其中 80% 用于饮用水，解决了 1 亿多人的供水问题。

与此同时，海水淡化系统与生产量还在以每年 10% 以上的速度在增加。亚洲国家如日本、新加坡、韩国、印尼与中国等也都积极发展或应用海水淡化作为替代水源，以增加自主水源的数量。根据全国海水利用专项规划，到 2010 年，中国海水淡化规模将达到每日 80 万～100 万吨，2020 年中国海水淡化能力将达到每日 250 万～300 万吨。

虽然到目前为止，海水淡化仍然耗电耗能，成本很高，但是意义重大。有人估计，海水淡化将是 21 世纪最为重要的朝阳产业之一。

第五章 未来的食物

民以食为天，自古以来，吃东西是为了求生存，也是人们享受生活乐趣的方式之一。不过随着食物愈来愈精致化，人们总怕吃太多，会变胖，会不健康。

为了让食物吃起来更美味，对人体健康的维持更有效率，英国政府打算着手进行未来食物的研发。他们列了一份食物清单，举凡不含卡路里的巧克力蛋糕，可以对抗癌症的花椰菜，或是能够在寒带生长的香蕉等等，对未来食物做了一连串的假设，并对民众发出问卷，希望事先了解民众的接受度。

关于未来食物的这些想法的确很吸引人，说不定未来人们吃东西，就真的不用担心会多了好几块赘肉了。但是在本章中，你还将了解更多关于未来食物的设想。

1. 绿色食品是未来食物的方向

未来食物消费与现在会有很大的不同，随着生活水平的不断提高，人们的食物结构将发生巨大变化，恩格尔系数下降，食物消费额相对减少，绝对

119

额提高。人们会精心挑选食品，品牌消费将会成为越来越多人的消费习惯，绿色食品作为一种代表无污染、高质量食品的品牌有着巨大的市场潜力。

　　未来食物生产需要建立在良好的生态环境和合理的资源开发利用基础之上，构筑可持续发展的食物生产技术体系。绿色食品的生产过程有着较为严格的质量控制和技术要求，代表着未来食物生产的方向，随着食物发展阶段的推进，食物规范化生产是必然趋势，绿色食品生产为食物生产提供了良好的技术示范。

　　今后，农业、食品工业与营养的关系越来越密切，食品的生产、加工、贮运、销售，最终目标是满足人们对食物营养摄入的需要，绿色食品在生产过程中充分注意了食物营养的变化，绿色食品的优质生产，包括了食物品质的改善和营养价值的提高。绿色食品将满足人们选择更富营养食品的需要。

　　此外，食品卫生安全，是今后食物发展中的难点之一。食品卫生的不安全来自于食物原料生产过程中的污染，加工过程中的污染，销售过程的污染以及食用过程中的污染。就目前的情况看，生产加工过程的污染防治任务更为艰巨复杂。绿色食品生产过程中，对化肥、农药、兽药、生长调节剂、饲料添加剂、食品添加剂的使用，针对不同等级，都有严格的规定或限制。因此，选择无污染的安全、优质、营养类绿色食品，就成为人们安全消费的必然选择。

2. 马铃薯将成为"未来的食物"

　　马铃薯是一种比玉米、小麦和稻米用地更少但产量更高的粮食作物。作为世界最大非谷类食品，马铃薯是全球粮食系统的重要补充部分。全球有 100 多个国家种植马铃薯，2007 年全球马铃薯产量达 3.2 亿吨，创历史最高水平。马铃薯已被一些科学家称为"未来食物"。

马铃薯之所以可以充当"未来的粮食"，主要是因为它比米饭所含的营养成分多，除了维生素外，还有矿物质，可当蔬菜又可当成主食。根据营养专家检测发现，马铃薯所含蛋白质与维生素 B1 相当于苹果的 10 倍，维生素 C 是苹果的 3.5 倍，维生素 B2 和铁质是苹果的 3 倍，磷是苹果的 2 倍，糖和钙质与苹果相当，只有胡萝卜素含量略低于苹果。此外，马铃薯还含有丰富的钾，可有效预防脑中风及高血压。当人体摄入过多盐分后，体内钠元素就会偏高，钾便呈现出不足而引起高血压，常吃马铃薯能及时给体内补充所需求的钾元素，平衡人体内的酸碱值。2007 年，中国营养学会颁布了新的《中国居民膳食指南》，新《指南》建议居民要适当增加薯类的摄入，每周吃 5 次左右，每次摄入 50～100 克以满足平衡膳食的需要。

据联合国粮农组织网报道，全球谷物价格不断上涨，引起各国对马铃薯这种"未来食物"的关注。发展中国家马铃薯的消费量正在大幅度增加，目前已占全球收获量的一半以上。马铃薯栽培方法简单，热能含量高，它已成为发展中国家农民的宝贵经济作物。

2008 年被联合国定为国际马铃薯年。同年 3 月 25 日举行的库斯科马铃薯会议，是主要科学家们的一次具有里程碑意义的会议。这次会议旨在利用马铃薯的潜力，在农业、经济和粮食安全方面，特别是在世界最贫困的国家中发挥更大的作用。在为期四天的会议中，90 余个马铃薯和研究促发展方面的世界主要权威机构参与讨论提高马铃薯生产系统的生产力、收益率和可持续性战略，发展中国家将被作为特别重点。

本次会议的预期成果之一被称为"库斯科挑战"，是全球马铃薯科学界内部长达一年的对话，将讨论这一重要作物未来发展的问题和机遇。

三种特殊经济体在马铃薯发展中面临的挑战。第一种是以农业为主的国家，主要是非洲，那里的贫困人口集中在农村地区，他们的生产的马铃薯用于家庭消费和在当地市场出售。国际马铃薯中心和粮农组织认为，这些国家的优先重点是研究和技术共享，以支持"可持续生产力革命"并在生产者与国内和区域市场之间建立联系。

非洲、亚洲和中东的"转型经济体"需要不同的战略，那里的马铃薯系统的特点是规模非常小和集约管理的商业化农场。这些国家面临的挑战是集约化系统的可持续地管理，在最大限度减少健康和环境危险的同时提高生产力。

在拉丁美洲、中亚和东欧为代表的城市化经济体中，所面临的挑战是确保马铃薯生产系统的社会和环境可持续性以及将马铃薯的小生产者与新的食品市场联系起来。

马铃薯的前景是光明的。在秘鲁国内，粮食价格的暴涨促使政府鼓励人们食用添加了马铃薯粉的面包，作为减少高价小麦进口的一种措施。在中国这个世界最大的马铃薯生产国，2007 年的产量达到 7200 万吨，农业专家提议使马铃薯成为国家大部分可耕地中的主要粮食作物。

3. 完美的蔬菜，来自种植工厂

它们看起来更像是化学商店里一排排灯火通明的货架，而不是蔬菜园里的一排排菜架。据它们的创始人说，这些看来完美无瑕的蔬菜可能就是我们未来的食物之一。

日本科学家正在开发一项蔬菜种植的新方法：整个环境完全由人工控制而且完全无菌，也就是说，这是一个既没有灰尘也没有昆虫和新鲜空气的环境。

这些被称为种植工厂的不起眼库房如雨后春笋般遍布日本各地，它们每周 7 天、每天 24 小时不间断地大量生产这种完美无瑕的生菜和各类绿叶菜。植物的每个生长环节处于完全控制中：从照明到温度、从湿度到水分。甚至二氧化碳的浓度每分钟也有改变。工人们不像传统菜农那样穿着破衣服、留着脏指甲，他们都戴着手套和医用口罩，还穿着通常在化工厂才能见到的防尘防护服。

　　日本消费者高价购买这些绿叶菜、长叶生菜、茼蒿等种植厂的蔬菜。这些植物种植在干净的房间里，不用水洗就可安全食用。没有使用农药，也就不存在被污染的蔬菜引起中毒的可能。在这里，生菜一年可以收割 20 次。一些大型的种植工厂一年可以生产 300 万颗蔬菜。

　　东京大洲公司工厂的发言人说："工厂内种植的蔬菜与外界空气完全隔绝。通过控制照明、温度、湿度、二氧化碳和水，可以保证全年产量的稳定。这些产品还满足了消费者对安全食品的要求。"

　　尽管产品很卫生，但这并非你所理解的真正意义上的食品。在对使用化学蔬菜的担忧声中，这些种植工厂的普及得到了日本政府的支持。与此最类似的还有英格兰南部广阔的蔬菜温室，那里数百万的西红柿不是种在土里，而是水培种植。

4. 势不可挡的转基因食品

　　随着地球上人口的日益增多，人类面临着巨大的资源危机：如何在有限的土地上，养活如此众多的人口？科学家们正从以往的品种改良技术转向基因技术。转基因技术的成功运作，使科学家们能够按照人类的意愿，

未来的城市生活

对生命的最基本特性——遗传物质直接操作，把某些生物的基因转移到其他物种中去，使生物体获得新的性状和物质，以此改变生物的遗传特性。例如，把人类免疫球蛋白的基因等转移到植物和动物中去并使之表达出来，以此获得人类所需要的物质。

转基因技术给人类带来许多好处：一是按人类的需求来量身定做食品，如增加小麦的蛋白质含量、减少油类作物的脂肪等；二是使植物或动物的疾病得到预防，如将抗病虫害、抗除草剂等基因转入农作物，使其具有相应的抗性，减少喷施农药和简化控制杂草的措施；三是获得高产稳产新品种，提高单位面积产量，获得质优价廉产品。

通过转基因技术也可向动物受精卵注入能产生药物的基因，尔后就可在转基因动物体内得到所需的药物。例如向羊的受精卵里导入能产生人类凝血因子的基因，就可从转基因羊的乳汁中得到大量人类凝血因子，经提取后用于治疗血友病。这种技术与普通制药技术相比具有成本低、周期短、效益高等特点。总之，转基因技术会帮助我们生产出更多更好更理想的食品，以满足人类日益增长的饮食需要。

基于以上的好处，转基因食品正在世界各地以势不可挡的速度推广开来。据统计，全世界范围内已有成熟技术的转基因食品7大类10个品种。1997年，全世界转基因作物的播种面积约为1100万公顷，1998年上升到2810万公顷，而到2000年预计种植面积为现在的3倍。美国、英国等发达国家在生物技术科研领域取得了令人瞩目的进展。

美国是转基因技术最发达的国家，1994年生产出世界上第一个商品化的转基因食品——耐贮存耐运输西红柿。作为世界上最大的转基因作物的生产和出口国，美国有大约30多种转基因作物，包括玉米、大豆、油菜和棉花等已获准在美国播种。美国的零售食品中有 60% 含有转基因成分。转基因作物在其他国家也进入商品化，如加拿大、澳大利亚和日本等。

中国自 20 世纪 80 年代起开始研究转基因技术，相继在水稻、大豆、西红柿等作物上试验，均获得成功，一些转基因食品已投入商业化生产，例如北方的转基因抗冻西红柿、转基因抗虫棉等，不仅获得了优良的性状，而且经济效益非常显着。据报道，上海医学遗传研究所的专家培育的转基因羊已获得了重大突破，一种新型羊奶不久就可以大规模生产。

但是，自转基因食品诞生以来，人们对转基因食品众说纷纭，许多人对这种非正常途径产生的物质忧心忡忡。2000 年 2 月，在英国爱丁堡召开的转基因食品安全性的国际论坛呼吁各国对转基因食品采取谨慎而有理性的评价。

进入 21 世纪以来，尽管转基因食品就总体而言尚处于试验阶段，但是它的发展是势不可挡的。事实上，转基因食品已经进入了人们的日常生活。在许多国家，从婴儿牛奶、面包、蔬菜到面食等，人们每天都在不知不觉地食用着转基因食品。也许在不久的将来，转基因食品会成为重要的食物来源之一，我们也将对转基因食品习以为常，根本不会再多想一下它是普通食品还是转基因食品。

5. 昆虫：未来食物的重要补给资源

2030 年，全球人口预计将超过 83 亿，人口增长将导致出现世界粮食危机。在这种严峻的形势下，除了消费更多的转基因食品和进一步提高农作物产量，将昆虫作为食品来源或许是解决问题的办法之一。

为解决粮食危机并节约有限的自然资源，许多专家正在研究用营养丰富的昆虫作为未来人类食品的来源。联合国粮农组织也在研究将昆虫作为替代食品来源的可行性。

据估算，地球上的昆虫数量是人类数量的 1 万倍。而人类食用的昆虫有 1400 余种，其中包括蚂蚁、蟋蟀、毛虫、蝗虫、飞蛾和蟑螂等。在非洲和亚洲的一些偏远地区，昆虫还是当地村落居民的主要食物来源。

昆虫可以为人们提供高蛋白、低脂肪、低胆固醇，以及维生素和某些矿物质十分丰富的高级营养成分。而且，许多昆虫所特有的营养素，极易被人体消化吸收。例如，白蚁含有丰富的蛋白质和脂肪，还含有人体必需的 8 种氨基酸、微量元素、维生素和生理活性物质；蚯蚓除含氨基酸外，还含 72% 的粗蛋白，比鱼、大豆、肉类和骨粉的蛋白含量高，它的超氧化歧化酶（SOD）物质，可清除人体细胞老化过程中产生的自由基，能防治人类心脑血管疾病，还有助于人类美容。

墨西哥国立自治大学生物研究所发表的一份研究报告亦显示，在日常饮食中增加可食性昆虫，不仅能弥补普通食品中营养不全的缺憾，避免营养不良，还可以预防肠胃疾病。

以烹制昆虫菜肴为兴趣的高级厨师富恩特斯指出，昆虫食品比肉类更容易被人体消化吸收。人体消化 1 磅里脊肉需要 3 到 4 个小时，而消化 1 磅蝗虫只需不到 1 个小时。

积极倡导食用昆虫食品的美国人格拉瑟说，目前世界面临饮用水等资源的短缺，而饲养牛、猪等牲畜需要消耗大量资源。因此，人们应该意识到，这种生产食物的方式是不可持续的。用昆虫生产 1 千克动物蛋白质要比牛肉节省大量资源、空间和时间。

昆虫食品开发已经引起人们重视。有些国家正在研究、筛选、培育一

些营养价值高的昆虫食品，作为人类食物的补充来源。据说，昆虫食品在美国、日本、西欧等一些国家已形成庞大的产业规模，美国生物学家正在研制上千种昆虫提取物，试验治疗艾滋病、癌症及各种慢性病、疑难病和传染病。

人们吃虫的方式也发生了很大变化：从原虫熟食，到制作昆虫营养品，到利用科技提取昆虫的有益成分，加工成昆虫保健品、药品。不论如何变化方式，人们的目的都在于想方设法地充分获取昆虫的营养价值。

另外，值得指出的是，保护昆虫多样性是保护生物多样性的重要组成部分，昆虫是大自然奉献给人类的食品，但人们应当不断地研究并更多地了解昆虫，以充分利用这个绿色环保、安全营养、取之不尽的资源。另外，水生昆虫对水环境监测、水环境保护、生物防治也有重要作用，应加倍保护和利用好昆虫资源，使昆虫资源可以永续利用。

6. 未来的粮仓——海洋

科学家们发现，位于近海水域自然生长的海藻，近产量相当于目前世界所产小麦总产量的 15 倍以上，如果把这些藻类加工成食物，数量相当惊人。

试验证明，只要繁殖 1 公顷水面的海藻，加工后可获得 20 吨蛋白质、多种维生素以及人体所需的矿物质，相当于 40 公顷耕地每年所产大豆的含量。科学家们断言：海洋完全有可能成为 21 世纪人类的第二粮仓。

科学家们已经为海藻的生产作了具体的规划：在水深 200 米以内的大陆架浅水区域，太阳光能穿透海水，为海水植物提供光合作用的条件。

另一方面，来自江、河的水体营养物，为浅海藻类植物生长提供重要的条件。对这些水中植物，只要进行科学管理，就可以大幅度地提高产量。到了收获季节，可以用水下作业机械收割成熟的海藻，并经特制的管道输送带送出海面加工成可供食用的蛋白质、维生素等制品。

在深海区域，科学家们设想在面积为若干公顷的范围内设置一个门类齐全的"中央生产平台"，位于水下几十米处作为"海藻憩息"的温床。上面安装有太阳能发电厂或海洋能发电厂、海藻综合加工厂和居民生活区等。据估计，用这种种植方法每年可以采海藻 3～4 次。

海洋中的"可耕"面积大约是陆地的 15 倍，只要合理地开发利用，迅速发展海上农业工程，将来人们可从海洋得到充足食物。

7. 未来食品根据食物分子烹饪

美国宇航局也在积极研究"未来食品"，该局科研人员研制的三明治即使保存几年仍能食用。此外，美宇航局还可根据个别消费者的过敏性和其他人类机能的特性，研究能满足他们个人需要的食品。而其实，未来食品还有很多的设想，有的已经在实施了。

在未来，超市和餐厅中出售的食品在视觉上与现在没有什么区别，但其在生产、加工和烹饪方法上却与现在有着本质不同。比如所谓"功能食品"，在其中加入维生素、矿物质和脂肪酸。去年，欧洲就已生产出相当于 8 亿欧元的功能食品。然而，功能食品的惊奇之处在于，它们是在分子研究、基因发现和太空研究基础上开发出来的。

现在研究得比较热的是一种所谓的"分子烹饪法"，在欧洲最为盛行，餐厅厨师、物理学家和化学家都在参与研究这种烹饪方法。该烹饪法就是根据不同菜品间存在的分子联系进行烹饪，比如，巧克力和鱼子酱，芦笋和甘草。这样可望让食物能更好地搭配，满足人体的需要。

在意大利，分子烹饪法最著名的代表人物是帕尔马大学的物理学家达维德·卡西。他说："除了一些配方外，科学烹饪法中应用的所有技术都可用于家庭。因此，正是由于'分子菜品'的出现，家庭的菜单才会得到丰富。"

此外，人的基因是不同的，这也可能决定了人对于饮食的不同需要。美国加州大学戴维斯分校的生物化学及生物学家吉姆·卡普特说："人们的 DNA 不同，他们对食品的反应也不同。我们目前正在研究食用橄榄油人群与未食用橄榄油人群之间的差异。我们可以在未来开发出更有效的饮食。这在过去可能是异想天开，但其实在 10 到 15 年内，这将成为现实。"

8. 未来食物的大趋向

21 世纪已经到来，随着科学技术的发展，人类的食物也将发生巨大的变化。特别是由于生物化学专家的努力，动物和植物将不再是人类食物的唯一来源，一批丰富多彩的、色香味俱全的食品将纷纷问世，以满足人类的需要。

1. 合成食品。多少年来，人们一直把不靠畜牧业而获得肉类，不靠农业而获得粮食当成一种梦想。到了 21 世纪，随着合成食品的问世，并被人们广为食用，这一梦想将变成现实。众所周知，人体需要的物质有多种氨基酸、糖、脂肪酸、维生素等。科学家们已经证明，除了维生素、无机元素和部分氨基酸、脂肪酸不能合成外，多数的氨基酸、脂肪酸、糖和甘油都可以在工厂里合成。

129

2. 低温脱水食品。低温脱水食品是以新鲜或熟制动植物产品为原料，采用现代脱水技术与工艺加工而成，是一种集方便、保健、纯天然为一体的高品质绿色脱水食品。其主要特点是保持原始风味、色泽、形状和成分不变。可迅速恢复新鲜状态，随时随地食用；具有多孔组织、成分溶出彻底、利于人体消化吸收；可长期保持新鲜、不变质变味，无任何损耗；重量轻，可常温贮存，运输管理费用低。

目前，国内外较流行的低温脱水产品有以下几类：脱水蔬菜类、脱水水果类、速溶饮品、食用粉类、鱼肉蛋类和中草药材类。

3. 超微细食品。超微细食品是运用高新技术，将水果和蔬菜等食品瞬间粉碎成 3～5 微米的超微细粉。这样细的好处在于可以让食物中人体不可缺少而又较难以吸收的营养最充分地进入人体，使人增强体质。目前，已获国家专利的超微细食品有香菇精粉、猕猴桃精粉、芹菜精粉、胡萝卜精粉、菠菜精粉等。

4. 仿生模拟食品。模仿的多属名贵、珍稀和紧俏的食品，如燕窝及水果中的荔枝、葡萄等，具有营养丰富，价格低廉的特点。

5. 新潮食品。在脱脂牛奶中充入二氧化碳，做成"汽奶"，将蚯蚓粉磨碎后，添加蜂蜜、山梨醇等物质而制成胶囊丸；将蚕丝深加工、制成食用蚕丝粉、蚕丝奶糖、蚕丝面条等食品，有消除疲劳、防止高血压、强肝功效。

6. 智力食品。智力食品在营养成分上主要突出补脑和增强记忆能力的效能，在造型、包装图案方面着意启发食用者的智力。目前，该类食品正在研制开发之中。

7. 骨粉食品。国外有一些食品公司巧妙地把骨头加工成极细的粉末，然后将它配上调味品，制成酱或泥做馅饼，或加工成糕点、制成适合于老年人的骨酱罐头等。这些加工后的食品，一般都能保持骨粉中95%以上的营养素，而且味美、方便、经济，有利于人体的吸收，对缺铁性贫血、佝偻病、骨质疏松患者，可获得有效的非药性治疗。

8．纤维素食品。其特点是食物纤维含量比一般粮食制品高出许多倍，由纯天然食品制成，以补充纤维素摄入量的不足。如纤维素面粉、面包、挂面、方便面、各色糕点以及各式纤维素添加剂原料等系列产品，能预防心血管病、糖尿病、肥胖症、结肠癌。

9．大蒜食品。如鲜蒜汁、加蒜肉罐头、蒜肠、蒜酱等大蒜食品，都具有驱虫、利尿、止咳和肠胃消炎等功能，在春夏季食用，可预防各种传染病。

10．汤罐食品。由于汤罐食品具有易消化、吸收快的保健功能，目前正风靡国内外市场，如狗肉汤、蛇肉汤、牛肉汤、虾肉汤、百合木耳汤、核仁猪肝汤等汤罐食品，成本低，收效快，市场潜力很大。

11．营养液。未来的人类工作会更繁忙，为了节约有限的时间，这种高浓缩营养液很容易在人们中流行起来。营养液主要由植物汁液、水、和各种营养物质、矿物质，经过高科技处理，压缩成90ml左右的饮料。其营养之丰富，完全可以替代一顿丰富的午餐。而且携带方便，更节约时间和空间，保存时间足够长，价格低廉，必定会深受人们的喜爱。

12．营养胶囊。生病要吃药，这谁都知道。可是，能不能吃药当吃饭呢？答案是肯定的。这种营养胶囊中既有药物，又有经压缩后的各种碳水化合物、脂肪、蛋白质等营养物质。根据药物的不同，能治疗的疾病也不同，自然，也有各种不同口味供你选择。

未来的城市生活

第六章　未来的服装

21世纪，正孕育着科技新巅峰时代的到来，似乎"摩尔定律"已不能完全客观反映现实的飞速发展。在这世纪之初，我们能更真切地体会到，科技的发展有力量来影响人类的生活——人类正充分地享受着科学技术带给我们的一切福利。谁丧失想象谁就丧失未来，那么，在与我们生活密切相关的服装方面，科技又将把我们引向何方？

水可溶解的环保服装

随着人类科技的不断发展，以及人类环保、节能意识的不断提高，人类的服装也开始朝着节能环保方向发展。未来城市的的生活是丰富多彩的，那里有直入云天的高楼大厦，芬芳的花朵随风摇曳，在漂亮的街心公园里散步的人们都将穿着节能、环保型的服装，绿色环保的服装能够回收利用且有益人类身体健康，能发电的服装能够借助人类运动产生的能量发电，为随身携带的手机、视听装备充电，保温的服装能够使人类更加舒适地度过炎热的夏天和寒冷的冬天。还有其他形形色色的利于保健娱乐的服

装，这些服装给未来城市生活的居民带来了很多生活的乐趣。

1. 新型服装材料

目前，世界服装制造商正采用更多的高科技材料和更成熟的制造手段，使针织服装更加实用和舒适，更加符合消费者的需求。如华歌尔运动科学公司生产的 CW－X 紧身裤，是用莱卡材料特殊设计的，束带环绕腿部，能在运动中给肌肉提供额外的定向支撑，促进腿部血液循环、缓解疲劳，帮助身体复原。马尔登纺织工业公司正计划用少量的纤维制造一种套衫，其接缝功能至少可以防水、防风，这种套衫是采用不同重量和密度的羊毛纤维使其具有很好的绝缘性、通风度和延展度，并能根据运动时身体各部分的不同机能而发生相应的变化。

加拿大多伦多大学的科研人员发明一种薄片状，易弯曲的太阳能储存器，其光电元件可以捕捉阳光中的红外线辐射，转化到储存器上。研究人员认为这种柔韧的薄片储存器能制成服装、纸板和其他物品，最有希望生产未来新型衬衫和套头衫，转换出的电能适用于移动电话进行充电。新工艺进入消费领域大约还需 5～10 年时间，但已经引起企业家和国际同行的关注。

日本企业相继开发出含有维生素的纺织品推向市场。富士纺织公司日前推出含有可生成维生素 C 物质的"V－UP"系列纺织产品，被称为"穿的维生素"。该公司还计划开发维生素 C 与 E 混合的"V－UPC＋E"系列产品。据悉，日本的饭田纤工也开发了将维生素 E 附着在纤维上的加工技术。Unitika 公司则将维生素 E 制成缓释性微胶囊，使之附着在纤维上，生产出 Activait 系列产品，并推出以此种材料制造的紧身衣。

未来的城市生活

美国得克萨斯科技环境和人类健康学院的科学家日前展示了一款新成分的棉布，这种棉布能够保护人类，免受纺织生物和化学毒素的侵害。这种棉布是根据美国国防部的设计开发的，同时也为西得克萨斯的棉农提供了一个新的市场。这种无纺布是美国国防部净化和科技战略成果的一部分。这种棉布面料重量轻，柔软，有弹性，能够织成各种外形图案。据了解，该无纺棉布的中间加入了一层很薄的碳片，能够避免各种外表危险污染，能够限制和吸收在化学战争和杀虫剂中的有毒化学物质，并可制成防护内衣。

日本 ToraylIndustries 公司研究新工艺加工织物，在织物的每一根单丝涂上纳米材料，涂层厚度为 10 ~ 30 纳米。这种织物称 NanoMATRIX 织物，新工艺对单丝无损伤，对织物结构无影响。据该公司专家称，这种新工艺处理过的织物不宜强力拉伸。用新工艺处理现有的棉织物或涤纶织物，有可能开发出新的防水织物和抗静电织物。

2. 绿色环保服装

绿色服装又称为生态服装，环保服装。它是以保护人类身体健康，使其免受伤害为目的，并有无毒、安全的优点，在使用和穿着时，给人以舒适、松弛、回归自然、消除疲劳、心情舒畅感觉的纺织品。它以天然动植物材料为原料，如棉、麻、丝毛、皮之类，它们不仅从款式和花色设计上体现环保意识，而且从面料到纽扣、拉链等附件也都采用无污染的天然原料；从原料生产到加工也完全从保护生态环境的角度出发，避免使用化学印染原料和树脂等破坏环境的物质。绿色环保服装在原料、生产、加工、使用、资源回收利用等全过程中，能起到消除污染或没有污染，保护环境、维护生态平衡，对人体无害，有

益于身体保健作用。在当今社会，随着工业化发展和物质文明的推进，人类赖以生存的地球遭到越来越严重的环境污染，给人类的生存造成了严重的威胁。因此，世界各国对环保问题都极为重视，在"我们只有一个地球"的口号下，环保问题已成为本世纪人们极为关注的焦点。"绿色产品"、"绿色消费"已成为国际潮流，"环保风"和现代人返璞归真的内心需求相结合，使生态服装正逐渐成为时装领域的新潮流。

国际生态学研究测试协会发布了纺织服装的绿色环保标准，其主要内容包括三方面内容：一是纺织原料的生产过程必须符合生态学标准。对于天然纤维而言，植物纤维棉麻的栽培、施肥、植被保护、生长助剂的使用以及动物纤维的动物饲养、保健、防病和生长剂的使用，要求避免使用大量的农药和化肥，尽量减少或消除纤维上的农药毒性残留，以免造成生态失衡和土壤肥力的破坏。对化学纤维而言，则应使用生产过程中不产生污染（如大豆蛋白纤维，莫代尔纤维，甲壳素纤维等）和不污染环境的可生物降解纤维。

二是纺织品的生产、加工和包装必须符合生态学标准，不可使用禁止使用的染料，以及含有树脂、甲醛等有毒性的整理剂，采用不用水或少用水的染整加工技术，切实做到清洁生产或零污染生产，避免或减轻对环境的污染或对人体的伤害，保证最终产品的 PH 值（酸碱度）达到最佳值。

三是纺织品在使用后的处理应符合环保要求，尽量避免或减少环境污染，废弃物可进行回收再循环使用或可生物降解。近年来，国际上骤然掀起种植天然彩色棉的热潮，它与无公害棉花均是制作环保服装的理想原料，在种植棉花时不用化肥和农药，只能使用有机肥料，尽管无公害棉花的价格要比普通棉花高出 3 倍，但仍供不应求，主要用于制作婴幼儿服装和药用棉。天然彩色棉花在加工中不需要染色，预缩过程中不用树脂和甲醛，即使需要染色可采用无污染的染色方法。德国最近推出的无污染的超临界二氧化碳流体染色技术，这种方法不用水，不需要化学助剂，染色后无需水洗，因此不产生污水，而染料则是采用不含容易致癌的偶氮染料的制成品，以确保消费者的安全。一些无污染、易生物降解或回收利用的化学纤维也日益受到人们的重视。在欧洲，由于人们环保意识的日益增强，人们常常以穿着回收废旧纺织品为材料制作的服装而感到时尚，如法国巴黎的高级时装设计师推广由穿过的和剩余的衣服拼搭成五彩缤纷的女装，购买者十分踊跃。"生态服装"不仅可以时刻提醒人们关注世界环境问题，而且有助于人们松弛神经，清除疲劳，心情舒畅，因此，"生态服装"将成为当代世界时装发展的一种新趋势和潮流。

生态服装的设计，在质感、色调、款式等方面都很贴近大自然，其面料大多采用棉、麻、毛、丝等天然织物，以绿色和蓝色为基本色调，它象征着广阔的原野、森林、蓝天和大海，花纹图案大多模仿山川、丛林景观或花草鱼虫的造型，将人类的服饰融入自然景观，充分展示人与大自然的和谐，清新淡雅，别有一番田园情趣。服装的辅料也采用绿色环保型，如纽扣采用纯天然物质，拉链等金属配件不需电镀，这样可避免产生大量的有害残余物质。法国的时装设计大师们所推崇的生态服装，皆以田园风格为主，洋溢着浓郁的乡土气息和韵味。在设计中，女装充分考虑到服装线条贴身，尽显人体曲线美。男装则采用层叠和搭配技巧，充分展示男士稳重的绅士风度。

国际上已开发上市的"绿色纺织品"一般具有防臭、抗菌、消炎、抗紫外线、抗辐射、止痒、增湿等多种功能。这类产品在我国还属初创阶段，已经推出的主要以内衣为主，但由于这类纺织品具有特定有益人体健康的功能，因而较受消费者欢迎。

今后环保服装的发展仍然是向两个方向推进：一是强调服装的保健舒适、呵护肌肤，使随身穿着的衣服成为皮肤保养品，如日本试制的能释放护理肌肤的维生素的紧身连裤袜，能去除异味、充分吸汗的袜子和具有空调功能的能随温度变化而变色的陶瓷纤维保健服（含有杀菌成分，掺入了硅、锌、铜等的络合物）等；二是强调在生产和使用中体现清洁生产、绿色消费，使服装加工业和旧服装不再增加环境负荷。例如，改进后的聚酯纤维具备光、生物双降解性能，废弃后在自然条件下一年左右的时间即能完全分解为水和二氧化碳，比纯棉衣服回归自然更快。

3. 具有空调功能的保温服装

现在，人们的衣服很多很多，都是春夏秋冬的，那么多衣服，根本分不清哪一件是春天的，哪一件是冬天的。正是寒冬腊月，天冷得出奇，天气慢慢变冷的时候，人们会毫不情愿地开始一件一件往身上加衣服，房间里开始供暖气。笨重的冬服经常给人们带来许多的

保温服想象图

不便而且浪费了很多资源，非常不利于生态环境的建设。可是在未来城市，人们将会仍然那样的悠然自得，仍然穿着潇洒的衣服，没有一个人去增添衣服。人们将穿着一种能够根据外部环境而自行调节温度的服装。那是一种智能服装，一年四季都能穿，它可以根据体外的温度变化来自行调节适合人体的温度。如果到了夏天，你穿上它，它会使你的体温在 18～25

摄氏度，这样就不用担心太热了，这可比你穿上大背心大短裤还凉快呢！

怎样做到这些呢？这种智能保温衣服有两层，这两层跟别的衣服没有什么特别之处？它的特别之处就在两层布料的中间。这里有两颗像黄豆一样大小的微型空调和一个微型电脑，分别在衣服的前面和后面。衣服的上衣的袖子部位都安装了一个小巧的调节器，调节器是由微型电脑控制的，作为装饰品安装在双肩上的温度传感器，会把大气温度的变化告诉调节器，调节器根据传感器采集到的数据让这件衣服充气或者放气，从而形成合适的保温层，并由此来调到想要达到的温度。比如说，天变凉了，或刮起了风，"智能"上衣感觉到之后便往里面泵气，使之鼓起来，形成一个绝好的保温装置。或者恰恰相反，天热便瘪下去。如果人们穿上这种衣服就再也不怕气温骤变了。还有，你一定会说光能调节温度好是好，但只有一种颜色那就太单调了，这你大可以放心，衣服里有一台微型电脑，你想要什么颜色衣服就变什么颜色，想要什么款式就变什么款式。这种智能保温服装将为人类省去不知多少布料，对于城市的环保真是大有裨益。除了依靠电子技术来实现服装保温外，还有一种使服装保温的技术，就是在制造新型衣服的过程中使用微胶囊，这是一种附着在纤维上的微小的球状薄膜，里面含有特殊物质。在衣服里层涂上一层微型胶囊，胶囊里含有一种物质能够在正常温度条件下把热能储藏起来，等到气温降低时就释放出热能，从而达到保温的目的。

4. 其他形形色色的服装

——智能型服装。未来的衣服还可以起电脑的作用，可以发送无线电信息或发出魔幻般的光芒——这些在今天听上去还像科幻小说里的东西，可能明天就挂在你家中的衣橱里了，甚至一部分高科技产品在今天就可以买到了。如此，真该问一下自己：明天我穿什么？夹克冬暖夏凉、内衣起抗生素的作用、西服里配有电脑和手机、无尘衣、变色衣、衣服上的花会自动开合、能播放动画的衣服……这些智能衣服（i－wear）将会成为未来纺织行业的新趋势。然而这并不表示，将来我们的衣服上全都挂着电子产品。事实上，这些电子产品都是看不见的，你看到的只是这些衣服是那么的时髦和性感，因为设计师们将电子产品直接织在 i－wear 衣服里了。比如这条珍珠手链：有一个手柄，将其打开，就能看到一个袖珍显示屏。这个首饰其实是一个电子产品，那些珍珠就是键盘。

——能发电的服装。加拿大多伦多大学的科研人员发明一种薄片状，易弯曲的太阳能储存器，其光电元件可以捕捉阳光中的红外线辐射，转化到储存器上。研究人员认为这种柔韧的薄片储存器能制成服装、纸板和其他物品，最有希望生产未来新型衬衫和套头衫，转换出的电能适用于移动电话进行充电。新工艺进入消费领域大约还需 5~10 年时间，但目前已经引起企业家和国际同行的关注。我们密切希望这种服装的尽快普及，如果这种服装得以普及，人类的几十亿部手机、MP3、MP4、MP5 以及其他随身携带的电子产品所消耗的电能将会全部由太阳提供，这无疑非常有利于城市的环境保护。

——能治病的衣服。未来城市的居民几乎没有看病的，一个个红光满面，神采奕奕。难道他们有什么仙丹神药，能保他们身健如牛，青春常驻？否，奥妙还在衣服上。现在的城市尤其是大城市，医院经常是人满为患，尤其是许多上了年纪的人，不是这不舒服就是那不舒服，腰酸腿痛是常有的事，一个个都成了药罐子。在未来的城市中，本来不多的医院大多将会空闲着，人们一个个都活得健健康康。原来呀，他们平常穿的内衣都

139

未来的城市生活

具有保健功能，那些腰酸腿痛关节炎之类的病，在这些保健内衣的作用下，根本行不成气候。这种服装叫做未来保健内衣，未来城市的居民人人都有这种内衣。这种内衣是一种能治病的服装。这种保健内衣是通过纳米技术来实现的，保健内衣是由添加纳米粉的布做的，而这纳米粉可神奇了，无色无味还具有杀菌、活血、消炎作用。用这种具有杀菌、活血、消炎作用的布匹加工成内衣，人们穿上它不仅舒适美观，而且治病健身，怪不得未来城的人们活得那么健康。

——会唱歌的衣服。在未来的城市，青年人穿的服装还能唱歌，这种衣取叫做"mp3blue"，意思是带有 MP3 功能的夹克。这种配备蓝牙技术的夹克把手机、iPod 播放机与内置播放系统连接起来，播放系统的活动操作面板装在夹克的袖子上，立体声喇叭装在帽兜内，麦克风和耳机则装在领子上。支持这一系列多媒体设备的可充电电池最多能支持 8 小时服务，换句话说，如果你穿着这样的衣服上班，你大可一直边听音乐边工作，直到下班时间。嗨，我想咱别光唱歌呀，咱把未来城的技术学回来，改造改造，把播放机里的歌曲换成英语单词，换成我们要学习的课文，这服装不就变成能学习的服装了吗？

——有感情的服装。在北京的大商场你一定见过，绚丽多彩的干花和香料吧。未来城市的服装设计师，在设计服装时，竟然在布料中植入了数十根微型管子，管子里装着的正是这种从天然花草植物中提取的纯天然香料。穿着时，衣服会随着人体状况的变化，散发不同的香味。比如，当穿戴者紧张时，受到惊吓时，或心跳加速时，它就会散发出能起镇定作用的香味——乳香。顿时，闻到这种香味的人一下就能消除恐慌和紧张，恢复平静。在伤感时，该衣服释放橙花油气味，以降低血压。

第七章　未来的垃圾处理

有人生活的地方就有垃圾的产生，城市垃圾是所有生活活动在城区的人们在维系自身生存的过程中制造和排放出来的废弃物，它与生俱有，与人同在。随着经济的发展，人民生活水平的提高，城市化进程的加快，城市垃圾也在迅速增加。据统计报

垃圾山

道：现今我国城镇垃圾的人均日产生量为 1.2～1.4 千克；人均年产生量为 440～500 千克。如果以 39% 的城市化人口测算，当前，我国城市垃圾的年产生量已超过 2.2 亿吨，如果加上历年来堆存在城市周边尚未处理的 60 多亿吨陈腐垃圾，在我国现有的 688 座大、中城市中，已有 200 多座处于垃圾山的包围之中。而且这些垃圾的产生量还在以 6%～8% 的速度在逐年增加，如果不及时有效地处理，任意堆积，天长日久，势必会对人类赖以生存的环境和社会经济的发展带来难以估计的重大影响，因此采取什么方法和技术及时有

141

未来的城市生活

效地处理好城市垃圾，是所有城市管理者和广大市民极为关注和亟待解决的重大环保问题。城市垃圾主要有生活垃圾、医疗垃圾、电子产品垃圾和信息垃圾等。

随着人类环保、节能意识的增强，以及科技的日新月异，未来的城市垃圾将会被科学地处理和有效地利用，城市居民终将摆脱日益增多的垃圾的困扰。

1. 固体生活垃圾是世界性难题

固体生活垃圾，是指在日常生活中或者为日常生活提供服务的活动中产生的固体废物以及法律、行政法规规定视为生活垃圾的固体废物。生活垃圾按其化学组分通常可大致分为有机废物和无机废物，前者包括厨余、纸类、塑料及橡胶制品等，后者则包括灰、渣、玻璃等。

城市化进程是人类近代社会经济水平发展的集中体现之一。一般来说，一个国家的城市水平，是该国经济发展水平的结果，从长期趋势看，中国的确遵循了这样的一般规律，随着中国经济水平的不断提高，大中型高密度尤其是现代化城市不断出现，从而也伴随着各种固体生活垃圾的大量产生。中国城市固体生活垃圾总量已位于世界高产国前列，增长率居世界首位，全国 668 座城市人均产固体生活垃圾 440 千克，每年总量高达1.6 亿多吨，占世界总量的 1/4 以上，且以 8%～10% 的速度增长，少数城市则达 15%～20%。专家预计，我国城市垃圾 2010 年将达到 2.64 亿吨，2030 年达到 4.09 亿吨，2050 年达到 5.28 亿吨。想想看，如此众多的垃圾如果不能采取科学的手段加以处理的话，城市将会变成垃圾城，城市居民将会被垃圾所包围。城市生活垃圾的处理是世界性的难题。综观世界各国的解决垃圾问题的办法，主要有填埋、焚烧、堆肥和热解等。

其中填埋处理方法最大特点是处理费用低，方法简单，但容易造成地下水资源的二次污染。为了减少运输成本，各城市垃圾大多露天存放或简单填埋在城郊附近，大量占用并破坏了人类赖以生存的土地资源。焚烧处理方法的优点是减量效果好（焚烧后的残渣体积减小90%以上，重量减少80%以上），处理彻底，污染小。但是，它的前期投入费用极为昂贵。建设一个日处理垃圾1000吨的焚烧炉及附属热能回收设备，大约需要7~8亿元人民币。在西方发达国家，垃圾焚烧技术的应用已经有将近130年的历史，而且目前仍被认为是最有效、经济的垃圾处理技术之一。堆肥处理方法是将混合垃圾进行静态发酵生产堆肥。堆肥适于乡村农家肥生产而非城市垃圾产业化处理。其缺点是有机物堆腐时间长，一般需三周至一个月，堆积污染严重，苍蝇、蚊子孳生，严重污染周边环境，给当地卫生防疫带来极大隐患。有机物降解不彻底，处理不充分，残留物仍会造成垃圾污染。有机物堆肥产品杂质多，而且对重金属等有害物质不能有效分离，长期使用堆肥产品，会造成土壤表面沉积，破坏土壤、危害农作物。

生活垃圾是人们日常生活中产生的一种含有大量厨余物及有机废料的混合物，它直接影响着生态环境和人民生活质量。但是随着科学技术的提高，人们逐渐认识到垃圾是一种放错位置的资源，它们经过一些无害化处理后，不仅可以减量，而且会成为一种新的资源。

生活垃圾的分类、中转

为了对生活垃圾进行很好的处理和利用，就必须对它们进行分类。针对不同的类别采取不同的处理方式。垃圾分类是指按照垃圾的不同成分、属性、利用价值以及对环境的影响，并根据不同处置方式的要求，分成属性不同的若干种类。生活垃圾一般可分为四大类：可回收垃圾、厨余垃圾、有害垃圾和其他垃圾。

新型智能垃圾桶

可回收垃圾。包括纸类、金属、塑料、玻璃等，通过综合处理回收利用，可以减少污染，节省资源。如每回收 1 吨废纸可造好纸 850 千克，节省木材 300 千克，比等量生产减少污染 74%；每回收 1 吨塑料饮料瓶可获得 0.7 吨二级原料；每回收 1 吨废钢铁可炼好钢 0.9 吨，比用矿石冶炼节约成本 47%，减少空气污染 75%，减少 97% 的水污染和固体废物。

厨房垃圾。包括剩菜剩饭、骨头、菜根菜叶等食品类废物，经生物技术就地处理堆肥，每吨可生产 0.3 吨有机肥料。

有害垃圾。包括废电池、废日光灯管、废水银温度计、过期药品等，这些垃圾需要特殊安全处理。

其他垃圾。包括除上述几类垃圾之外的砖瓦陶瓷、渣土、卫生间废纸等难以回收的废弃物，采取卫生填埋可有效减少对地下水、地表水、土壤及空气的污染。

但是，对垃圾进行分类可不是件容易的事情，成千上万的城市人口每天都产生巨量的垃圾，未来的城市将以现代技术为手段，建立垃圾分类收集和加工处理系统。鼓励城市居民自觉地从垃圾中分出玻璃、金属、织物、废纸、家电、电池、有机垃圾等，并且将不同种类的垃圾放入不同颜色的垃圾箱内。三种颜色不同的垃圾箱，一种颜色的垃圾箱装食品垃圾，一种颜色的垃圾箱装普通垃圾，另一种颜色的垃圾箱装危险垃圾。即使有的居民一时未将垃圾分类也无妨，随着人类计算机技术的发展未来的垃圾箱将实现智能化，具有视觉、嗅觉的功能，智能垃圾桶能够对倒入其中的垃圾进行智能识别，安装在垃圾桶内的探测装置能利用垃圾的某些性质方面的差异，将垃圾分类。例如利用废弃物中的磁性和非磁性差别进行分类；利用粒径尺寸差别进行分类；利用比重差别进行分类等，重力分选、磁力分选、涡电流分选、光学分选等。识别完毕后，通过操控系统，将垃圾自动进行分类。当垃圾快要装满垃圾桶时，智能垃圾桶就会对分类好的垃圾进行压缩打包。

针对人类生活中的食品垃圾和杂草植物垃圾等有机化合物垃圾，将来每个家庭还设立专门的生物垃圾箱。生物垃圾指可降解的有机化合物，如剩余食品、杂草植物等。这种垃圾箱对倒入其中的有机垃圾自动进行分解，变成可以施肥的肥料，城市居民可以处理垃圾的同时，免费自造花肥。

垃圾经过分类处理后，不能一直放在垃圾桶里啊，还需要转运出去，否则城市就成垃圾山了。目前比较先进的中转垃圾的方法是采用管道输送。在瑞典、日本和美国，有的城市就是采用管道输送垃圾，并已经取消了部分垃圾车。这是目前最有前途的垃圾输送方法。智能垃圾箱的下端将与地下管道相连，四通八达的地下管道会将垃圾送往垃圾处理机构，进行回收利用。垃圾处理机构将可重复用的塑料、纸张、橡胶、金属、玻璃等回收送往再生厂，把没有回收价值的高热值垃圾送往焚烧厂焚烧发电，还可以经过深加工，可以制成辅助燃料应用于其他行业；其他的东西可以送去堆肥，其中的有机物经二次发酵后再精处理，变成可应用于园林绿化的有机肥。经过这样处理后，无机物和其他不能回收的垃圾已经大大减量并且无害化，再送往填埋场填埋。

垃圾的资源化

我国是"人口大国"，这就意味着，我们同时是个"垃圾大国"。据有关部门统计，全国每年仅城镇垃圾总量就达 1.5 亿吨。而对其处理，基本上采取的都是较为原始的"搬家政策"，这不仅转播细菌，污染环境，甚至会破坏生态平衡。同时，较为原始的垃圾处理方法，还使每年因此而丢掉价值高达 250 亿元的可再生资源。

事实上，垃圾可回收利用的东西很多，如废纸废铁的再生产；一些包装物的再重复多次使用；一些资源进行能源转换（垃圾沼气发电）等，都可以使之成为新的生产要素，重新回到生产和消费的循环中去，即科学合理地处理垃圾。

美国"新兴预测委员会"和日本"科技厅"等有关专家预测：在未来30 年间，全球在能源、环境、农业、食品、信息技术、制造业和医学等领域，将出现"10 大新兴技术"，其中有关"垃圾处理"的新兴技术被排在第 2 位。随着这类新兴技术的出现、成熟和产业化，在下个世纪头 10 年内，发达国家日常生活垃圾中的 50% 将被科学利用。

利用垃圾发电

"电"在我们现实生活中是必不可少的重要组成部分。没有"电"的生活是不可想象的。我们知道目前"电"主要是通过煤的燃烧，在燃烧过程中将锅炉中的水加热为高压水蒸气，再由高压水蒸气推动蒸汽轮机高速转动，通过联轴带动发电机发电。发出的"电"通过变压器送到输电线路再经过变压器将电压变为用户使用的电压等级，连结到各种用电器上使之运行。

据国家资源部门介绍我国的煤炭储量只有
40～50年的开采期。过了40～50年我国煤炭
资源就枯竭了。我们将要面临无"电"的日
子。我们没法想象没有了"电"，我们的世界
将是什么样子。我们的周围将是一片漆黑，没
有电话、没有电视、机器不能运转、信息不能

正在运行中的垃圾焚烧发电厂

传送等等，所以没有了"电"，我们的生活将会变得多么可怕。它又将我
们推到远古的过去。所以，我们必须开发新能源。

事实上，世界各国都在面临这个严峻的事实。各国科学家包括我国的
科学家在内都在研究如何解决将来煤炭资源用竭之后的发电问题，以解决
人们生活中不可缺少的"电"。

目前，除了利用原子能发电和可再生能源（水能、风能、太阳能、地
热能、海洋能、生物质能）发电外，还研究利用垃圾发电。垃圾发电既清
洁了我们的环境，又对生活垃圾进行处理。

欧洲议会专门批准了一系列文件，要求欧盟各国的垃圾填埋气体必须
收集利用；奥地利、瑞典、法国对废旧回收先后制定法律法规，促使垃圾
回收成为一种新的产业并得到蓬勃发展；瑞士、丹麦利用垃圾焚烧发电已
占垃圾处理量的65%～75%；20世纪末，美国已有259个垃圾填埋场回收
发电，装机容量超过750万千瓦；日本从废品中回收的铜占全国铜需求量
的80%。

而就垃圾发电而言，其带来的利润也相当可观。目前对发电来说，一
吨煤产生的热量是7000～8000大卡，垃圾只有3000大卡左右，垃圾发电

在热值上无法与煤炭相比，但跟煤炭一吨 500～600 元的成本比起来，垃圾几乎不需要成本，这就让垃圾发电的利润回报显得十分优厚。就当前来看，美国每吨垃圾转换的电能在 500～750 千瓦左右，而在中国也已经达到 400～500 千瓦的转换。垃圾发电所带来的净利润在 7%～9% 左右。

利用垃圾发电主要的方法是焚烧发电。焚烧是一种对城市垃圾进行高温热化学处理的技术，将垃圾作为固体燃料送入炉膛内燃烧，在 800～1000℃ 的高温条件下，垃圾中的可燃组分与空气中的氧进行剧烈的化学反应，释放出热量并转化为高温的燃烧气，然后再转化为电能。垃圾焚烧技术在西方发达国家已有很长的发展历史，最先利用垃圾发电的是德国和法国，近几十年来，美国和日本在垃圾发电方面的发展也相当迅速，处于世界领先行列。中国在垃圾焚烧技术的研究、开发和应用方面起步较晚，相比之下，中国的垃圾焚烧设备的设计、生产和应用的水平和规模与发达国家的差距还很大，但是潜力巨大，前景广阔。

2002 年，中国共有 660 个城市，年垃圾清运量为 1.365 亿吨，考虑垃圾的平均热值 4200 千焦/千克，则垃圾作为能源资源年总量为 573 太焦。根据国家环保总局预测，2010 年中国城市垃圾年产量将为 1.52 亿吨，2015 年和 2020 年将达到 1.79 亿吨、2.1 亿吨。根据专家估计，2005 年大中城市垃圾中有机物含量将达到 70% 以上，含水率在 50% 左右，并配合垃圾分类等措施，到 2010 年大中城市的生活垃圾基本能够达到直接焚烧的要求，届时能够达到这一要求的垃圾如考虑占总量的 50% 的话，热值按 5000 千焦/千克计算，则垃圾能源资源总量为 760 太焦，可利用量 380 太焦，可利用的垃圾发电装机潜力为 2500 兆瓦，提供电力约 18 太瓦时；2020 年如考虑同样的比例，垃圾能源资源总量为 1050 太焦，可利用量 525 太焦，可利用的垃圾发电装机潜力为3450MW，提供电力约25TWh。据了解，到目前为止，已有深圳、上海、珠海等15个城市的20座垃圾焚烧发电厂建成并投入运行，而有每天焚烧1000吨垃圾发电规划的城市就有数十座之多。因此垃圾焚烧发电从资源角度来说潜力很大。

另外一种利用垃圾发电的技术就是，垃圾沼气发电。这种就是将有机物集中放在沼气池中进行发酵产生能燃烧的沼气，然后输送到电厂进行发电，发酵完的有机物可以当成肥料，真是一举两得。

垃圾发电将环境保护和节约能源有机地结合起来，因而将有很好的发展前景。

把垃圾转变成肥料

城市生活垃圾中的有机物成分比如剩菜剩饭等，既不能用于重复使用又不能用于发电，因为它们的燃烧值很低，水分很大，即便如此，我们也不能将它们倒掉，这样会滋生各种细菌和苍蝇、蚊子之类，对城市环境会造成破坏。目前人类对于这种垃圾主要是采用堆肥的方式进行发酵处理，堆肥处理方法是将混合垃圾进行静态发酵生产堆肥。堆肥适于乡村农家肥生产而非城市垃圾产业化处理。其缺点是有机物堆腐时间长，一般需3周至1个月，堆积污染严重，苍蝇、蚊子孳生，严重污染周边环境，给当地卫生防疫带来极大隐患。有机物降解不彻底，处理不充分，残留物仍会造成垃圾污染。有机物堆肥产品杂质多，而且对重金属等有害物质不能有效分离，长期使用堆肥产品，会造成土壤表面沉积，破坏土壤、危害农作物。

随着人类生物技术的迅速发展，人类将把微生物技术广泛地应用到有机垃圾肥料化处理的过程之中。微生物垃圾处理技术是在餐厨有机垃圾中

149

未
来
的
城
市
生
活

加入微生物固菌发酵剂，让有益菌"吃垃圾"，我们吃剩的饭，细菌接着吃，细菌吃掉的餐厨垃圾变成一袋袋淡黄色的粉末，这种粉末就是高能量的有机肥料。袋子里还有细菌吃不掉的骨头、塑料袋、筷子。这些处理不掉的垃圾仅占餐厨垃圾总量的 2%～3%。

在这个"化腐朽为神奇"的工程中功劳最大的是微生物技术，把复合微生物菌撒到垃圾上，经过 6～8 小时，在一定温度湿度的作用下，复合微生物菌就能吃干净垃圾，将动植物蛋白全部转化为菌体蛋白。这种菌体蛋白既可以做饲料，又可以做肥料，可真正实现变废为宝。

利用微生物技术实现垃圾处理的无害化达到 100%、资源化 95%。今年北京奥运会期间与运动员餐厅一墙之隔的微生物垃圾处理站就是将餐厨垃圾就地处理，实现了垃圾无运输、气味零排放。据介绍，很多城市的市长都参观过奥运会垃圾处理站，称其跳出了"将一种垃圾形式转化为另一种垃圾形式"的怪圈。同时，还取得了另一种良好的效果。比如，微生物菌剂不断对土壤进行改良，提高土壤有机质含量，平衡土壤酸碱度。这些虽然无法用价钱衡量，但科学研究证明，土壤中每平方米的有机质提高 0.1% 就可以减少 2.25 吨二氧化碳排放量。据此推算，如果 2000 多平方千米的果菜基地都采用这种微生物垃圾处理技术，每年可以减少 800 万吨的二氧化碳排放量，这样"沃土工程"的实现将不再遥远。

未来的每个城市家庭中都会有这种运用了微生物处理技术的小机器，人们用餐后把剩菜剩饭喂到小机器里，这台小机器吐出来的是可供家庭花园使用的袋装肥料，"这太神奇了"！未来的城市居民将摆脱剩菜剩饭等有机垃圾带来的烦恼。

2. 医疗垃圾是头号危险垃圾

医疗垃圾是指在对人和动物在诊断、化验、处置、应用和疾病预防等

医疗活动的过程中产生的固态或液态废
物。医院垃圾范围十分广泛，如各种使
用后丢弃的针头、注射器、纱布、石膏、
化验室和病理室废弃的各种标本、血样、
各种塑料或玻璃容器、输液器、输液管、
手术后的刀片和大量废弃物、大批一次

医疗垃圾

性医院器械具、病房污染的衣物被褥和各种废弃药剂和塑料等 。医疗垃圾所
含的病菌是普通生活垃圾的几十倍甚至上百倍，又是各种疾病的传染源，在
国家环保总局编制的《国家危险废物名录》，它被列为头号危险垃圾。在国
际上，医疗垃圾与废弃物被称为人类的"超级杀手"。因为医疗垃圾本身带
有病菌和病毒，医疗垃圾收集、运送、贮存、处置过程如果出现任何疏漏，
都可能导致疾病传播和环境污染，将对环境和社会产生巨大的危害。

随着我国一次性医疗器械的广泛使用，
医疗垃圾的产量以每年 3% ~6% 的速度递
增。2000 年，全国共有医疗卫生机构
324771 个，病床 317.7 万张，年诊疗人数
21.23 亿人次，产生医疗垃圾 100 万吨左
右。2003 非典型性肺炎的肆虐，2005 年禽
流感的爆发，让我们越来越清楚地看到加

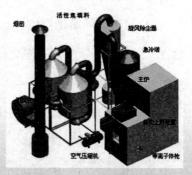

医疗垃圾处理装备

快医疗垃圾与废弃物设施的建设，提高医疗垃圾无害化处理、卫生填埋、焚烧技术和资源化综合利用的管理水平，使更多白色污染变成有机材料，防止医院交叉感染，营造安全的卫生环境等等问题的重要性。

随着人们生活水平的提高，环保意识也逐渐增强，对医疗垃圾实行无害化处理的要求也越来越严格。发达国家普遍采用统一收运、集中焚烧的医疗垃圾收运处理方式，医疗垃圾收运处理系统由全密闭的收集、贮存、运输和焚烧处理设施组成，保证了收运过程中医疗垃圾不泄漏和有效地防止了病原体扩散。

未来医疗垃圾的处理技术，将采用热解处理工艺流程，而不是焚烧处理，热解处理工艺流程将分 3 个阶段完成：

1）固体废物热解阶段：医疗废物在高温、缺氧、压力等条件下，有机物分子链开始断裂，产生出含有甲烷、一氧化碳、氢气、焦油、水蒸气等混合气体。其余转化为残炭。

2）混合反应阶段：在混合气体反应装置内，通过特殊的工艺过程使混合气体中的焦油、水蒸气、残炭等转化为可燃气，二氧化碳在此还原为一氧化碳。

3）可燃气体净化阶段：经热解反应罐和混合气体反应装置产生的可燃气，经过冷却、过滤等净化处理后，即产生新的清洁可燃气，可达到工业用气标准和民用气标准。

另外，等离子体技术也将广泛地应用于医疗垃圾处理。等离子体技术是用等离子体医疗垃圾热解炉对垃圾进行分解处理。传统的医疗垃圾焚烧一般采用传统的气、油燃烧方法，而采用这种气、油燃烧方法的焚烧炉，由于炉内温度不高极易产生二噁英，传染性病毒也不能被彻底处理，燃烧后的垃圾残渣作为生活垃圾填埋，时间一长会析出地面，对环境造成二次污染。等离子体技术为解决此类问题提供了好的途径，由于反应区的温度高达 2000℃以上，可有效地分解对人类危害极大的剧毒物质，是一种用途广泛的环保新技术。该装置还可以用于城市生活垃圾、医用垃圾、石棉、电池、轮胎、PVC 和其他工业有毒有害废水和废气的环保处理。

3. 电子产品垃圾危害严重

伴随着网络信息时代的到来，使电子工业迅猛发展，电子废弃物污染不可避免地摆在我们面前。电子废弃物俗称电子垃圾，小的如手机、MP3 等电子产品，大的到电脑、洗衣机、电视机、电冰箱等家用电器。随着这些电子产品的陆续淘汰，每年都有大量电子垃圾产生，随着电子产品淘汰数量的迅猛增加，全世界每年产生的电子垃圾相当于新生产电子产品的一半。电子垃圾的污染隐患在日益增

堆积如山的电脑显示器

大。据官方统计，我国目前拥有 1.3 亿台电冰箱、1.7 亿台洗衣机、3.8 亿台电视机和 1600 万台计算机。有专家预测：从 2003 年起，我国每年进入更新期的主要家电数量超过 2000 万台（件），其中冰箱约 400 万台、洗衣机约 500 万台、电视机则 500 万台、计算机约 500 万台，并且会逐年大幅度增加。如果把这些主要废旧电器一字排开，长度将超过 1 万千米。生活在中国城市的市民不时可以看到这样一些小商贩，他们骑着一辆车前挂着牌子的三轮车，在城市的街头或小区穿梭，大声吆喝着："回收旧电脑、

旧彩电、洗衣机、热水器了……"这些流动小商贩几乎承担了绝大部分的电子垃圾回收工作。在城市的旧货市场，也驻扎着多家电子产品回收店，店门口贴着广告牌：出售二手电脑，回收电脑、数码相机、打印机、电子产品。店里一排排柜上摆放着液晶显示屏、主机、笔记本电脑等，还堆积着各种类型的废旧电脑。这些现象也正是电子产品垃圾迅速增多的真实反映。

然而，电子垃圾可不像普通垃圾那么好处理，它不仅量大而且危害严重。特别是电视、电脑、手机、音响等产品，有大量有毒有害物质。如电冰箱中的制冷剂 R12、发泡剂 R11 是破坏臭氧层的物质，电视机显像管、电脑元器件含有汞、铅、砷、铬等各种有毒化学物质。而废电脑危害更大，制造一台电脑需要 700 多种化学原料，其中 50% 以上对人体有害。一台电脑显示器中仅铅含量平均就达到 1 千克多。如果对废家电采用酸泡、火烧等简陋工艺进行处理，会产生大量的废液、废渣、废气，严重污染环境，对地下水和土壤造成严重污染，并最终导致人体中毒。

目前，由于我国尚未建立电子垃圾回收的正常渠道，小商小贩成为回收电子垃圾的主力军。他们回收废旧家用电器，对尚可使用的，稍作处理后又流入低收入家庭或农村；对不能使用的，拆解后对其中仍有一定使用价值的元件进行翻新

广东汕头贵屿镇工人在拆解废旧手机

改装，再次流入市场，而没有利用价值的部件扔掉后被填埋或焚烧，大量有毒物质因此污染土壤和地下水。

154

今年年初，一则外媒拍摄的国外电子垃圾流入广东小镇贵屿的视频新闻引起很大反响。根据公开的资料，地处粤东地区练江北岸的贵屿镇，每年回收处理的电子垃圾在百万吨级以上，被称为全世界最大的垃圾电子拆解基地。在那里，人们焚烧废旧电线和电缆，用硫酸水冲洗线路板，那些无法再回收的垃圾则被再次焚烧或就地堆砌。当地的环境被严重污染，空气污浊，污水横流，土壤毒化。

其实废旧电子产品有着很大的利用价值，可以被人类有效地利用。报废的电子产品中含有多种贵金属，经过对电子产品的分拆和提炼处理，可以回收金、银、铜、阳极泥。西方发达国家借助他们先进的科学技术和完善的立法，对大量的电子垃圾进行了很好的回收利用。加拿大诺兰达公司近年来非常重视从废弃电子产品中回收铜、银、铂、钯等贵金属。2000 年该公司 70 亿加元（1 美元约合 1.57 加元）的营额中，有 4 亿加元来自回收业，而回收业的货源中有 3/4 是电子产品。在诺兰达公司眼中，使用过的电子产品具有极大价值，因为从废弃电子产品中提炼出来的金属数量高于从同等数量的矿石中提炼出来的金属数量。在美国，电子垃圾拆解已经形成了很专业的分工，有专门负责拆解的公司，有专门负责电路板回收的公司，有专门提炼贵重金属的公司等等。由于专业化处理，美国电子垃圾的回收再利用率达到 97% 以上，也就是说最后只有不到 3% 的东西被当做最后的垃圾埋掉。德国废旧电器回收厂普遍采用了一种电子破碎机来分选废旧电器中的有用物和废物。其流程是，先用人工拆卸的方法将废旧电器中的含有有毒物质的器件取出，如电视显像管、荧光屏等。然后将剩余部件放入破碎机中，先通过磁力分选分离出铁，第二步进入涡流分选分离出铝，第三步通过风力分离出塑料等较轻物质，剩下的是铜和一些稀有贵金

属。这些分选出来的金属，会根据它的含金量来卖给终端处理厂。其废旧电器的回收再利用率达 90% 以上，这样的一套设备年处理废旧电器达 3 万吨。

北京交通大学学生头戴电脑、冰箱等图案的硬纸板，宣传关注电子垃圾

可以说，面对日益膨胀的电子垃圾以及严重的环境污染，电子垃圾处理回收利用技术成为解决这一问题的关键。随着电子垃圾的日益增多，电子垃圾处理技术将成为新的技术热点，它对保护人类的生存环境、促进人类的可持续发展，都具有十分重要的意义。未来在电子环保发展技术和装备方面，将朝以下五个方面发展：一是代替 Sn/Pb 焊料和含溴阻燃剂的生产工艺、技术；二是 CRT 和 LCD 显示器的拆解、循环利用和处置的成套技术装备；三是废弃产品破碎、分选及无害化处置的技术和装备；四是家用电器与电子产品无害化或低害化的生产原材料和生产技术；五是废弃电冰箱、空调器压缩机中 CFCs 制冷剂、润滑油的回收技术与装备；六是电子电器产品回收的人工智能系统技术。

4. 信息垃圾令人不胜其烦

今天，人们在分享着信息化带来的高效率的同时，也在遭受着日益严重的信息垃圾洪流的冲击和困扰。

信息技术的发展，一方面不断改变人们的生活方式，但另一方面也增加了人们对它的高度依赖性。当人们感受到其负面影响并试图摆脱它时，却又无奈地发现信息已经成了生活中不可或缺的重要部分，而根本就离不开它。生活垃圾对人们的生存有副作

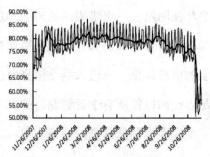

垃圾邮件占信息总量的比例逐月增长

用，所以我们要处理它们，信息垃圾同样对人没有好处，最简单的一点就是你得花时间和精力将垃圾信件挑出来，然后删去它。更复杂地，一些故意制造的垃圾可能会耗费你大量的时间和金钱，而这些浪费于个人和社会都是效率的损失。如某某收到一封邮件，说他中了 5000 元大奖，要他访问某链接确认。他访问了那链接，结果只见到一幅广告。原来这是一场骗局，那个发信的人将自己申请的广告链接发给别人，并谎称对方获奖需要确认，以此来增加访问量赚取收入——真是"君子爱才，取之有道"，只是苦了受骗人，既空欢喜一场又多付了上网费，赔了夫人又折兵。至于一些色情图文，则更是一种精神污染，损害人们尤其是青少年的精神健康。

信息垃圾决非只出现在邮件中。信息社会的信息垃圾几乎无处不在。电脑排版技术使得出版业大大发展，于是各种文字垃圾遍地开花；刚刚还

157

未来的城市生活

说无纸办公节约了纸张，马上又遇见报纸杂志不断扩版，凭空又多出垃圾来；一条消息，常常是网络登录后电视又来播放，电视播放了报刊来刊载，报刊刊载了网络再转载，无止无休。我们倡导人们应该有环保意识，不要乱扔垃圾。其实在信息的载体上我们也应有"环保"意识，自觉维护媒体的干净。比如在网络上，自觉遵守网络公众道德。事实上，人们很需要环保网站——可惜很多的网站一进去就垃圾成山，仿佛到了一个大垃圾场。想没想过我们为什么生活得比过去疲惫？那是因为我们比过去面临更多的信息污染——进入网络信息时代以来，我们每个人制造的信息垃圾量足以超出以往所有学者们制造的文字总和。信息垃圾何以盛行？最主要的一个原因是制造信息的低廉成本。

除了让比尔·盖茨都感到头疼的垃圾邮件外，千篇一律的网站、令人心烦意乱的短信、防不胜防的即时信息，共同构成了现代社会信息垃圾的主体。信息垃圾和生活垃圾一样，无孔不入，无处不在，任何人都无法避免其污染。生活垃圾严重地危害着人类的身体健康，信息垃圾则损耗了人类大量的时间和精力。信息垃圾的四大类：

四类信息垃圾

邮件类垃圾

作为一种成本极其低廉的工具，电子邮件在短时间内得到了迅速的普及，现在不少人的名片上都印上了自己的 E – mail 信箱。然而，当你每天打开信箱的时候，却发现里面充斥着诸如"轻轻松松赚大钱"、"免费成人图片"、"网上成人用品专卖"、"恭喜你中了大奖"之类的垃圾邮件。

更为可恨的是，这些垃圾邮件除了充斥着色情和广告外，有的还携带着病毒和木马，伺机破坏你的计算机系统；有的则自动打开浏览器的窗口，将你带到毫无意义的网站上去。在你气急败坏地把这些垃圾邮件删除的时候，真正重要的邮件很可能也被误删了。

目前，电子垃圾邮件几乎已经成为一场全球性的灾难。国际电信联盟报告说，全世界80%的电子邮件都是垃圾邮件，它们每年给计算机用户造成了大约250亿美元的损失。每天都有100多亿封的电子垃圾邮件不分国界地传播到世界的每一个角落，堆积在人们的电子邮箱当中，给邮箱的主人造成恐慌，也给互联网造成了沉重的负担。今天，只要你打开电脑，就不得不面对那些扑面而来的电子邮件。你不但要花费大量的时间，进行甄别和筛选那些被埋在信息垃圾里面的真正有价值的邮件，而且还要时刻提防黑客电子邮件病毒的攻击。可是往往你忙乎了半天，并没有发现真正有价值的东西，这样不仅花费了大量的精力，而且还浪费了最宝贵的时间。许多人都有过这样的经历，有时真恨不得对那些恼人的电子邮件置之不理，可是又担心万一漏掉真正有价值的信息。无奈之下，只能被动地在信息的漩涡里打转。

网站类垃圾

网站信息冗余量非常大，内容严重重复，同一条信息经常被从一个网站拷贝到一个又一个的网站。无论是利用哪一种搜索引擎，随便检索一条信息，通常都可以找到几千上万个相关条目。然而你如果逐条点击过去，则发现有用的网站不过几个或者数十个而已，其余网站的要么提供的是重复信息，要么根本没有什么实际内容。

但我们不可能了解到哪些网站提供的是有用信息，哪些网站提供的是无用信息，因此只好浪费大量时间去浏览垃圾站点，而浏览的目的仅仅是为了排除它们。搜索引擎是帮助人们从浩如烟海的互联网上寻找信息的重要工具，不过动辄列出几十页的搜索结果，并且错误链接、无效链接频频，又如何能够起到应有的作用？

搜索引擎应该从片面追求尽可能多的信息数量的误区走出来，做好网站的检索和验证功能，提供更多的智能化搜索条件，以帮助用户更快更好地检索到有价值的信息。

短信类垃圾

2002 年，全国手机短信发送量突破 560 亿条，而据有关专家预测，2003 年全国手机短信的发送量将超过 1500 亿条。这其中有多少是垃圾短信？恐怕没有人能够给出具体数字，但可能肯定的是，这个数字绝对不小，因为手机用户都在遭受着垃圾短信的频频骚扰。

垃圾短信不仅浪费时间，更会"抢劫"金钱。不少手机用户在拿到话费清单时候，经常会发现多了几笔去向不明的费用。在互联网上，处处布满陷阱，用户一不小心就会开通某项收费短信的业务。要是在接收到这类几毛到几块钱一条的垃圾短信后不予理会，那么就会被视为默认同意接受对方的业务，这笔费用就会在以后持续不断地出现。

即时信息类垃圾

喜欢 QQ 聊天的朋友经常有这样的经历，就是当正与网友聊得如火如荼时，腾讯公司发过来的广告总是毫不知趣打断你们的谈话。

用 NT/WIN2000/XP 操作系统的用户上网时，肯定遇到过"信使服务"的骚扰。这种类似于网络广播的信息提示，大多是诱使阅读者浏览某个网站（色情类居多），或者是购买某种产品。笔者的一个朋友作过统计，他的电脑最多的一天（以 8 小时在线计）竟然接收到过 35 次"信使服务"的提示（注：在控制面板的管理工具项下，将服务中的"Messenger"关闭即可拒绝接收这类消息）。

即时信息垃圾有一个特点，就是你必须查看，否则它就不断地向你提示，直到你将其关闭为止。据美国的《商业周刊》透露，即时信息已经成为了垃圾信息制造者们的新宠。

信息垃圾的产生原因

"天下熙熙，皆为利来；天下攘攘，皆为利往。"信息垃圾产生的根源，在于其能够带来巨大的经济效益。一封电子邮件的成本只有几分钱，一条短消息的成本不超过一毛钱，发送即时信息则几乎不要钱。有效地利用这几种方式不仅可以赚到钱，而且可以赚到大钱，起到"低投入，高收益"之特效。至于一年只需投入几百块的网站，更让不少人趋之若鹜。虽然互联网的泡沫已经破灭，但利用网站来赚钱已经成了所有网站经营者的共识。

也有部分信息垃圾是一些人基于消遣、娱乐、无聊或者是恶作剧的心态制造的。有的人对某方面有着特别的爱好，就建一个网站以自娱。有的人读到一则非常搞笑的短消息，一篇十分有趣的文章，就发给自己的朋友来一起分享。有的人则发送虚假信息、黄色信息骚扰他人，以求得心理变态的满足。

信息垃圾的危害

《网络问题报告》一书中指出，企业员工平均每天要用一个多小时收阅电子邮件，而其中有34%的邮件是各类重复信息、笑话、广告等毫无益处的内容，占用了大量时间，严重地影响了工作效率。

据网易介绍，垃圾邮件主要有五大危害：（1）占用网络带宽，造成邮件服务器拥塞，降低整个网络的运行效率。（2）侵犯收件人的隐私权，侵占收件人信箱空间，耗费收件人的时间、精力和金钱。（3）被黑客利用成助纣为虐的工具。（4）严重影响 ISP 的服务形象。在国际上，频繁转发垃圾邮件的主机会被上级国际因特网服务提供商列入国际垃圾邮件数据库，从而导致该主机不能访问国外许多网络。（5）妖言惑众，骗人钱财，传播色情内容。

垃圾网站往往是搜索引擎的常客，虽然它不会像垃圾邮件一样主动来危害你，但当你满怀憧憬地打开其地址时，发现除了一大堆花花绿绿的广告和一些过时的、重复的信息外，根本找不到任何可取之处，肯定会倍感气愤。CNNIC 第 11 次《中国互联网络发展状况统计报告》表明，截至 2002 年 12 月 31 日，我国网站数量达到了 37.1 万个。而全球网站的数量早在 2002 年初就超过了 4000 万个，并且还在呈高速的膨胀之势。这其中垃圾网站又占据了很大一部分。

20 世纪初意大利经济学家巴莱多发明了二八定律，认为任何一种东西中最重要的只占很小一部分，约为 20%；其余的 80% 尽管是多数，却居于次要地位甚至是无用的。这条定律也适用于网站，也就是说我们所浏览的网站中 80% 都是垃圾，相信老资格的网民都会认同这一点。

至于短信类垃圾和即时信息类垃圾（严格地说短信也属于即时信息），更让人们深恶痛绝，因为接收者不仅处于绝对的被动地位，而且不得不马上做出响应。由于技术方面的原因，目前对这两种垃圾信息的屏蔽和过滤存在着很大难度，因而带来的麻烦也最大。可以想象的是，当你的手机和电脑不断地"提示"你去参加某项活动、购买某种产品的时候，很难有人不会恼火，然而又无计施，因为如果你关掉手机的话就无法与朋友联系，关掉电脑的话就无法工作。

第八章 未来的货币

伴随着人类历史上的每一次科技进步，货币作为商品的交易媒介也相应发生形态上的改变。货币演化史可以简单地分为实物货币和信用货币两个阶段。其中，实物货币阶段又经历了由非金属货币阶段到金属货币阶段的演化，金属货币阶段又包括银本位制度、金银复本位制度和金本位制度三个历史时期，由于这一时期的货币都具有商品性质，所以马克思把货币定义为"从商品中分离出来的、固定地充当一般等价物的商品"（Marx，1867）。当货币发展成为一种信用货币之后，货币就演化成了一种纯粹的价值符号和交易媒介，而不再具有商品属性。因此，当货币由实物货币向信用货币演化之时，货币属性发生了质的变化。这种质的飞跃主要表现在币材的使用上，即实物货币以商品本身为材料，或者说货币本身就是商品，只不过这种商品是一种公认可以接受为其他商品的等价物的交易媒介。信用货币的材料本身不是商品，而是价值符号的一种载体，其本身的价值在于"记载"货币所代表的财富的价值或价格。

在信息技术与互联网高度发展的今天，货币形态已发生了从有形到无形，从传统到创新的转变，出现了电子货币、虚拟货币、社区货币等新的形态，这也给我们带来诸多新的消费方式。

1. 电子货币是大势所趋

当你为自己是一个持卡人能够花着"看不见的钱"潇洒天下行而沾沾自喜时，你是否想到你可能是个落伍者呢？是的，你已经落伍了。电子货币已悄然兴起。人们就可以在家里"下载"属于自己的"货币"，把它暂时存在硬盘中。人们可以在任何地方通过网络从开户行下载"电子货币"，再通过联机系统在网络上把钱花掉；也可以通过 E-mail 收到"寄"来的电子现金。而银行卡只是电子货币的一种"接入产品"，仅是电子货币的载体之一。

现代风格的支付方式

实物货币本质是商品，纸币的本质是代表商品的价值符号，从实物货币到纸币实现了货币史上的第一次数字化、工具化和符号化，从纸币到电子货币则使货币进一步工具化和符号化了。而且，电子货币最终成为货币这一工具的信息，它已经不再是商品，却又代表着商品；它已经不再具有价值，却又代表着价值；它是一组数字、一种符号、一种工具、一种信息。

20 世纪 70 年代以来支票和现金支付方式又逐渐将主导地位让给银行卡，伴随着银行应用计算机网络技术的不断深入，银行已经能够利用计算机网络将"现金流动"、"票据流动"进一步转变成计算机中的"数据流动"。资金在银行计算机网络系统中以人类肉眼看不见的方式进行转账和划拨，是银行业推出的一种现代化支付方式。这种以电子数据形式存储在计算机中（或各种卡中）并能通过计算机网络而使用的资金被人们越来越广泛地应用于电子商务中，这就是电子货币。

电子货币是基于电子计算机技术和网络通信技术产生的，以国家法定货币按1∶1比例兑换的，以加密电子数据形式存放于发行机构的电子设备或其发行的智能卡中，能够应用于单位、个人相互之间在一定范围内实现商品交易和劳务结算及赠与，完成资金划拨的支付手段。

电子货币的出现方便了人们外出购物和消费。现在电子货币通常在专用网络上传输，通过设在银行、商场等地的ATM机器进行处理，完成货币支付操作。随着Internet商业化的发展，电子商务化的网上金融服务已经开始在世界范围内展开。网上金融服务包括了人们的各种需要内容，网上消费、家庭银行、个人理财、网上投资交易、网上保险等。这些金融服务的特点是通过电子货币在Internet上进行及时电子支付与结算，以至人们可随时随地完成购物消费活动，进行货币支付。

成员众多的家族体系

人们所称的"电子货币"，所含范围极广，如信用卡、储蓄卡、借记卡、IC卡、消费卡、电子支票、电子钱包、网络货币、智能卡等，几乎包括了所有与资金有关的电子化的支付工具和支付方式。据统计，国内流行的电子货币主要有4种类型：

一是储值卡型电子货币。一般以磁卡或IC卡形式出现，其发行主体除了商业银行之外，还有电信部门（普通电话卡、IC电话卡）、IC企业（上网卡）、商业零售企业（各类消费卡）、政府机关（内部消费IC卡）和学校（校园IC卡）等。发行主体在预收客户资金后，发行等值储值卡，使

167

储值卡成为独立于银行存款之外新的"存款账户"。同时，储值卡在客户消费时以扣减方式支付费用，也就相当于存款账户支付货币。储值卡中的存款目前尚未在中央银行征存准备金之列，因此，储值卡可使现金和活期储蓄需求减少。

二是信用卡应用型电子货币。指商业银行、信用卡公司等发行主体发行的贷记卡或准贷记卡。可在发行主体规定的信用额度内贷款消费，之后于规定时间还款。信用卡的普及使用可扩大消费信贷，影响货币供给量。

三是存款利用型电子货币。主要有借记卡、电子支票等，用于对银行存款以电子化方式支取现金、转账结算、划拨资金。该类电子化支付方法的普及使用能减少消费者往返于银行的费用，致使现金需求余额减少，并可加快货币的流通速度。

四是现金模拟型电子货币。主要有两种：一种是基于 Internet 网络环境使用的且将代表货币价值的二进制数据保管在微机终端硬盘内的电子现金；一种是将货币价值保存在 IC 卡内并可脱离银行支付系统流通的电子钱包。该类电子货币具备现金的匿名性，可用于个人间支付、并可多次转手等特性，是以代替实体现金为目的而开发的。该类电子货币的扩大使用，能影响到通货的发行机制、减少中央银行的铸币税收入、缩减中央银行的资产负债规模等。

无与伦比的独特优势

电子货币可应用于生产、交换、分配和消费领域；融储蓄、信贷、兑现和非现金结算等多功能为一体；具有使用简便、安全、迅速、可靠的特征。相对于传统货币而言，电子货币具有无与伦比的优势：

一是快捷方便。卡基电子货币体积小重量轻，便于携带和保管。银行电子货币的使用即可由柜员操作，也可以客户自助；非银行电子货币使用时只要在读卡器上轻轻一抹就完成了款项支付；在网上交易，无论买卖双方的地理位置相隔多么遥远，只要双方谈妥生意，一份 E－mail 附带着买方的电子货币可以在几秒钟内到达卖方的信箱，卖方确认后即可发货，整个交易便已完成。相对于传统货币，电子货币一经确认，便完成了交易过程，无须人工辨识真伪和整点捆扎处理，较之传统银行业务更省时更快捷。而且，电子货币理论上是符合互联网标准的单一货币，无论身在哪个国家，其持有的电子货币在网上的相对价值应该是不变的，发展电子货币，可以简化传统货币在国际汇兑时的复杂手续。

二是可靠安全。电子货币的可靠性也远高于传统货币。超级智能卡通过固化在芯片中的全球唯一序列号，能够实现其独一无二的特定身份；网上银行业务的动态口令，保证了业务操作的高度私密性；这与严重泛滥的假币现象形成鲜明对比。在盗窃、抢夺、抢劫案件中，现金从来都是犯罪分子的首选目标，因为现金与持币者之间难于实现对应关系。而电子货币则可以实现与持币者的对应关系，相应地增加了犯罪行为得逞后的变现难度。与现实世界以传统货币为侵害目标的各种犯罪相比，网络黑客的智能犯罪毕竟少之又少，所以信息化的电子货币的存放和使用比实物的纸币等要安全得多。

三是成本低廉。由于电子货币的物理载体是电子产品，不像传统货币以金属和纸张制作，其使用寿命远高于传统货币，还省却了巨额押运、保管和整点费用。网络银行的营运成本更低，由网络银行支撑的电子商务跨越了传统营销方式下的中间商环节，大大降低了交易成本，顾客能够以较低的价格获得优质产品和服务。相对于传统结算方式，电子货币节省了巨额社会财富。据说英国每年印制、销毁纸币和纸币在银行间转移的费用高达25亿英镑，美国每年填写的支票就超过400亿张，我国的传统货币流通费用更是惊人！

势不可挡的发展趋势

电子货币自诞生以来，其发展势头锐不可当，国际货币理论界甚至将其称为"中世纪欧洲法币取代铸币以来的第二次货币革命"。由法国人最早发明、日本人率先应用的货币支付智能卡，以高新技术特有的冲击力，迅速跨越国界普及到世界各地。这一具有高科技含量的货币载体，十分友好地与传统货币携手并肩，共同推动商品经济的发展。作为储值付费手段在城市公交、电讯行业、大型超市和校园悄然兴起，势不可挡，已然成为人们日常生活诸多领域不可或缺的支付手段。

随着电子货币产品的技术进步和应用成果的显现，在我国各大城市各种电子货币业已得到社会公众的广泛认可。特别是近几年来，各国有商业银行为了降低经营成本，想方设法力促电子银行业务的扩张。我国银行卡发卡量、交易金额、受理终端、特约商户快速增长，越来越多的银行客户已经无需引导便主动选择电子支付方式；非银行电子货币正方兴未艾，应用领域迅速扩展，特别是"一卡通"型电子货币，以其特有的便捷优势深受人们的青睐。可以预见，不久的将来就会迅速普及全国各地中小城市。网上支付业务在年轻群体中备受推崇，使用支付宝、外汇宝已经成为都市青年的时尚。电子货币最大限度地替代传统货币已经是不可逆转的潮流。

在电子货币制度下，由于电子货币最终将成为全世界统一使用的一种数字化、信息化的货币工具，电子货币将会全面实现货币的世界货币职

能，人类可望最终实现统一货币的梦想。

电子货币

2. 虚拟货币将大行其道

1998年，当奥斯卡最佳女配角伍皮·戈德堡成为 Flooz.com 的主要赞助人时，她希望 Flooz.com 能成为全新的网络货币供应商。不过，那时可没有多少人相信网络货币能成为一种"流行"的应用，并成为真正能与金钱兑换的、有价值的东西。然而现在，这种超前的眼光正在得到证实。

如果不算电子货币，网络虚拟货币的发展大致可分为三类：第一类是大家熟悉的游戏币。在单机游戏时代，主角靠打倒敌人、进赌馆赢钱等方式积累货币，用这些购买草药和装备，但只能在自己的游戏机里使用。第二类是门户网站或者即时通讯工具服务商发行的专用货币，用于购买本网站内的服务。使用最广泛的当属腾讯公司的 Q 币，可用来购买会员资格、QQ 秀等增值服务。第三类网络虚拟货币，像美国贝宝公司（paypal）发行一种网络货币，可用于网上购物。消费者向公司提出申请，就可以将银行账户里的钱转成贝宝货币——这相当于银行卡付款，但服务费要低得多，而且在国际交易中不必考虑汇率。目前类似贝宝这样的公司还有 E – gold、Cyber – Cash、E – cash 等，国内尚未出现此类公司，其货币也未普及。

本节所说的虚拟货币主要是指第二类网络虚拟货币。这类虚拟货币并非真实的货币，主要用于游戏中。网络虚拟货币是由网游运营企业发行，游戏用户使用发行货币按一定比例直接或间接购买，存在于游戏程序之外，以电磁方式存储与游戏企业提供的服务器内，并以特定数字单位表现的一种虚拟兑换工具。网游虚拟货币用于兑换发行企业所提供的指定范围、指定时间内的网游服务，表现为网游的预付充值卡、预付金额或点卡等形式。

常见的形式

作为一种全新的货币形式，网络虚拟货币在网络无形商品经济活动中发挥着举足轻重的作用。当前我们常见的网络虚拟货币有五种表现形式：

Q币。Q币是在 QQ 程序以及腾讯公司网站中流通的一种"网络虚拟货币"，借助它，客户可以获得腾讯公司为其提供的各种收费服务。这是目前普及率最高、应用最广泛的网络虚拟货币，同时，其所能购买的增值服务也最多，有发展成为网络硬通货的趋势。

POPO 金币。是在 POPO 里面消费时使用的网络虚拟货币，其最大的特点就是获取途径同其他网络虚拟货币不一样，网民只能凭借 POPO 经验值获得 POPO 金币，使用 POPO 金币可以下载多彩的 POPO 表情，还可以参加 POPO 不定期举行的各项活动等。

联众币。在联众世界的网站，主要是使用联众币消费。使用联众币可以获取联众世界的会员资格，还可以获得一种类似于游戏币的财富，这种财富可以在联众游戏里使用。此外，联众币还可以用于购买联众秀等。

U 币。U 币是新浪公司提供的在其网站平台上流通的网络虚拟货币，是在享受新浪公司提供的各种付费服务时进行支付的一种手段。使用 U 币可以下载新浪开发的各种小游戏，还可以在线制作精美的贺卡送给远方的朋友等等。

G 币。是在 17173 网络平台上使用的网络虚拟货币，使用 G 币可以购买 17173 的游戏服务、阅读电子书刊、享受高速下载和在线杀毒等等。

疯狂的 Q 币

据不完全统计，目前市面流通的网络虚拟货币不下 10 种，盛大、腾讯以及门户网站网易、新浪、搜狐等互联网巨头都推出了名称各异的虚拟货币，且绝大多数可用现实货币购买。虚拟货币不仅可以支付网上收费服务项目，有的还可支付手机短信费用，甚至在网上购买实物商品。以 Q 币为例，使用者超过 2 亿人。业内人士估计，中国国内互联网已具备每年几十亿元的虚拟货币市场规模，并以每年 15%～20% 的速度增长。

鉴于 QQ 的普及，Q 币的使用甚至早已超出了腾讯公司当初的预期。在网上，Q 币可以用来购买其他游戏的点卡、虚拟物品，甚至一些影片、软件的下载服务等。随着腾讯业务的扩大，"Q 币"效应也越来越大。每当一位用户进行充值后，就产生了新的"Q 币"，而这些虚拟货币又通过购买腾讯的服务而"消耗"。当规模扩大后，各种服务横向整合，Q 币则成为"腾讯虚拟世界"的流通货币。

Q 币之所以单列出来，是因为随着其用户越来越多，Q 币已经拥有了等价物的特性和泛化的流通性，不仅可用于购买腾讯公司自身的各项服务，甚至能在某些与腾讯无关的网络交易中，能够被卖方作为支付货币所接受。虚拟货币的运营已成为腾讯重要的收入来源，根据其 2009 年第一季度财报显示，互联网增值服务收入为 9.987 亿元，其主要收入交易媒介就是 Q 币。

Q 币在网络游戏中，已经变成了与人民币保持稳定比率的"代理货币"。用户和服务都在增多，对 Q 币的需求长期存在，自然而然使得 Q 币这种代理货币在用户之间很容易就能兑换成人民币，形成了可互兑的市场。而接下来，因为代币的"汇率"恒定，兑换渠道也相当通畅，则

Q 币

泛化到可以直接购买现实物品的程度。除了腾讯，也有很多其他的互联网公司，在自己的网站、游戏、邮箱等各项产品和服务中，提供类似的可用于全付费的虚拟货币，比如盛大币、百度币等等。虽然从影响力上，这些虚拟货币暂时没有 Q 币这么泛化，但其本质是相同的。

对经济的影响

随着服务越来越丰富、需求量的越来越大，不仅是人民币"购买"或者"兑换"成虚拟货币，在用户之间也出现了用互联网服务赚取虚拟货币，并逆向"兑换"成人民币的趋势。

用 Q 币能兑换人民币早已不是新闻，一般 Q 币与人民币为 1:1 的比率，购买 1 个 Q 币，需要付人民币 1 元钱。这种趋势的加大使得人民币和虚拟货币开始不受发行方的控制进行互相兑换，与用虚拟货币直接购买现实物品一道，开始影响现实经济。当一种预付点卡或账户预存点数（如 Q 币、盛大币等）在拥有了大量用户、作为某些领域的等价物被用户认同之后，如果这种点卡的发行和价格被一家公司完全进行控制，则虚拟货币将会在无序之中，对法定货币产生冲击，并进一步冲击现实经济。

现代金融体系中，货币的发行方一般是各国央行，央行负责对货币运行进行管理和监督。而作为网络上用来替代现实货币流通的等价交换品，网络虚拟货币实质上同现实货币已经没有区别。不同的是，发行方不再是央行，而是各家网络公司。如果虚拟货币的发展使其形成了统一市场，各个公司之间可以互通互兑，或者虚拟货币整合统一了，具有相同的标准和价格，那么从某种意义上来说虚拟货币就可以"通用"了，这很有可能会对传统金融体系或是经济运行形成威胁性冲击。

2007 年 3 月，中国人民银行、公安部、信产部等 14 部委联合下发了《关于进一步加强网吧及网络游戏管理工作的通知》，对虚拟货币的发行、使用和流通作出相应规定，明确表示网络游戏经营单位发行的虚拟货币不能用于购买实物产品，只能用于购买自身提供的虚拟产品和服务。2009 年 6 月，文化部、商务部下发《关于加强网络游戏虚拟货币管理工作的通知》，这项规定主要是规范腾讯、盛大等大型的社区游戏企业的货币，防止这些虚拟货币流通，冲击国家现实金融体系。

与现实的融合

除以纯粹交易为目的的网络交易平台外，网络游戏也正在体现其货币交易的强大能力，从 QQ 游戏、《传奇》到《魔兽世界》、《天堂Ⅱ》，人们正在频繁地采用货币交易的形式完成各项"工作"，随着这些交易体系的日益完善，虚拟的网络世界与现实社会的关系也越来越密切。

在虚拟货币的流通使用中，占据主体地位的是网络游戏点券，而根据艾瑞咨询的数据，2007 年我国网络游戏市场规模为 128 亿元。相对我国24.6 万亿元人民币的经济总量，虚拟经济所占据的份额小到几乎可以忽略不计。但在互联网越来越普及的前提下，虚拟和现实正在不断融合。

在虚拟跟现实有连接的情况下，虚拟的货币有其现实价值。虚拟货币通常用于购买货币发行者（也即服务提供商）提供的产品及服务，这些产品和服务都是真实的。例如：用腾讯公司的 Q 币去买腾讯公司的 QQ 会员服务。

虚拟货币作为电子商务的产物开始扮演越来越重要的角色。可以预见，在未来的生活中，它必将会在潜移默化地影响和改变着人们的观念和消费习惯。未来的第三产业不同于现在的服务业，它的发展方向是后现代服务业，也就是体验业，即更多地满足精神、文化、娱乐发展需求的个性化产业。个性化虚拟货币市场将引导人们体验"感性消费"。在这一背景下，

虚拟货币

虚拟货币的产业基础和产业作用，将体现出其特殊的一面。

3. 社区货币成为大众新宠

金融危机下，需求萎缩市场低迷，自制钞票悄然兴起。

美国媒体前段时间报导，汽车城底特律市已有 12 个小区流行花一种名为"Detroit Cheers"的社区货币，且势头如火如荼。

整个运作流程是这样的：当地的个人和企业加入这个自行印刷小区货币的网络；消费者从加入这个网络的银行购入这种名为"Detroit Cheers"的货币（通常会有一些折扣，比如花 95 美分可买到面值为 1 美元的"社元"）；然后在当地的商业网点和服务业进行消费，用这种货币来雇人修剪草坪、照看孩子、买食品杂货、上健身班甚至加油。

这种"社元"是在一定区域内流通的"货币"，旨在通过间接向本地消费者提供折扣，帮助消费者更能"收支平衡"过日子，让大家在捂紧钱包的情况下仍光顾本地商家，支持当地的企业能得到更多的生意，从而刺激本地经济复苏。

社区货币概念

社区货币是由某区域（城市、乡镇、小区）自行印制、发行的"钞票"。它与一般使用的货币一样，也是用来进行货品或服务的交易。但不同的是，你还可以用它以才能换才能，以服务换服务，以时间换时间，实现经济互助，增加使用者之间的信任与沟通。而且，无论这些货币如何流通，这些交易行为所产生的价值都将回馈到小区的居民本身。

目前国际的社区货币，多半以"小时"为单位。举例来说，美国纽约州的小区货币"伊萨卡小时券"（Ithaca Hours）是这么运作的：一个搬家工人为屋主工作3个小时，屋主可以付他3单位的"伊萨卡小时券"。随后这工人可以带这小区货币向小区内的人订购货品、食物或者其他服务。他可以减少到外地消费的次数，甚至所有的经济活动都可以发生在同一个小区里。

小区货币的使用范围受限于小区内，持有货币的居民将会自然寻求在地消费，进而促进在地产业的发展。

在地消费、在地货币的使用可以将财富、消费力与幸福感留在小区内，不会被连锁商店或跨国企业带出小区或我们的国家范围之外。

"曾经的"社区货币

自行发行货币并非本次经济危机中的首创。

日本公共管理机构曾运用"小区机制"解决棘手社会问题的一项成功的试验。承担设计任务的是日本的一个社会福利促进组织。由于近年来日本经济衰退，无家可归者众多，社保体系几近崩溃。青年人失业率增高，而小区资源空空如也，国内经济欠佳，银行被视为风险因素。一些街角商店的小老板认为"在自己的小区创造自己的小型价值流通循环"是一个好办法。他们提倡商品价格的 10% 可以用购物奖励的"代用券"支付。社会福利组织在此基础上设计了一个方案，即通过小区组织与街区内的 20 多个商业点签约，完善小区"代用券"，使它成为真正可以合法流动的"货币"，来促进小区救助。他们把这种"小区货币"统一起来，称作"R"——即圆的半径，用以象征"小区半径"。失业人员可以通过参与小区公益劳动，或是大街小巷清洁废物垃圾的"大扫除"中获得它。每个参加者工作一小时获得 500 "R"。小区公益项目，包括小区照顾、环境保护、儿童辅导，到助残扶老等一系列小区服务都在内。根据相应的协议，"小区货币"可以在加入协议的街边商店、咖啡馆和饭店付账。这项活动，从东京西南最大的市区中心之一涩谷开始，短时间内参加此项计划的失业者达到 600 多人。它开始是为职业中断者或失业者提供的小区式救济，后来逐步发展为对日本经济衰退的一项小区对策。使用"R"消费，不仅得到了官方的准许，还受到有关部门的关注，并得到学术界的支持。因此，"小区货币"支付手段开始被视为通往"小区自主能动性"道路上的重要一步，作为一种对社会衰退的减振器，促进那些公共资金无力提供融资的工作。"小区货币"真正使得"小区处于中心位置"，自己的货币创造自己的价值。

　　"小区货币"，是日本"小区文化"的产物。小区文化，在现代都市意味着就是增进人们的交往，凝聚认同感，促进市民们像乡村小社会那样互相照

178

顾，互相提携。日本人的小区意识根深蒂固，各地的"町内会"、"商店街合同组合"、"地域振兴委员会"等小区组织比比皆是。一位旅日华人说，"日本小区主义的最大作用就是增进感情，睦邻亲和，打造健康而稳定的社会基础"。

大萧条时期，美国许多地方政府也通过发行一种代用钞票（scrip）来给员工发工资；泰国 Santi Suk 村的村民们在 10 年前亚洲金融危机时，就已开始自己印制货币 "merit"；美国纽约州的伊萨卡镇从 1991 年开始就发行"伊萨卡小时券"（Ithaca Hours）。2008 年 9 月，英国东苏塞克斯郡刘易斯市发行"刘易斯镑"以临时取代英镑，共印刷出 1 万"刘易斯镑"，得到当地约 50 家商店认可。目前，已有越来越多的美国城镇使用这种形式。其中，美国规模最大的小区货币系统是诞生于 2006 年的伯克沙尔。在伯克沙尔货币体系里，个人可以到 12 家指定银行，用 90 美元换取 100 元伯克沙尔，然后可以在当地 370 个商家消费，迄今为止流通总额已经达到 230 万伯克沙尔。

理论基础

从理论的角度来看，"小区货币"应该是起源于一种"时间经济"，它建立在小区成员"等值交换"的基础上，是一种新型的"服务信用"。瑞士社会学家乌里·彼得·特里尔说，随着闲暇的增加，未来将出现一种"工作文化"，它将使"非薪金工作"在货币领域里享有同"薪金工作"同等重要的地位。它全然不同于现在所谓的业余嗜好，而是集创造性和娱乐性于一身的小区或环境服务，通过小区直接交易或合作体制来实现。如果说"终身劳动"曾经在传统"小区"是一种义务，那么在现代小区，看来也将成为一种不可避免的需求。自 20 世纪 80 年代末期以来，"时间经济"不仅在日本，世界很多国家和地区的一些城市也很流行。参加慈善工作的志愿者可以把

"服务时间"储蓄起来，以后从别的志愿者那里得到以时间为单位的"报酬"。一套计算机系统登记着每一"时间货币"的收支情况，并定期向参与者提供结算表。"时间货币"就像传统小区的"以工代赈"，是"自给自足"的交换，既是免税的，也没有"利润"或"利息"，但可以积累起来，支付保健及其他医疗卫生服务的费用，包括降低健康保险的成本。"纽约时间——货币协会"还在创建一个就业机构，它将为人们提供获得工作、接受培训和获得帮助的机会。个人可以利用该机构来获取有关的工作信息，并且，除了传统意义上的工资外，还能得到支付自己每一小时的工作的"时间货币"。这些"R"可以储蓄起来，用于接受培训或作为失业时的一种资源。1998年启动的一个项目拟在全世界52个城市建立中心，提供与教育和保健有关的由企业主资助的志愿者项目。这些项目仍然以"时间货币"项目为基础，试图采用复杂的计算机技术来建立一种志愿性的"时间经济"而不是市场经济中的"货币经济"。学者们认为，在更加积极的、更具有反思性的社会里，任何人（包括弱者和老年人）不论在身体层面还是在心理层面上都应该成为一个更加开放的过程，把自己融入小区。

从实践经验看，"小区货币"对改进我国"低保"制度中下岗职工的小区救助有着积极的意义。因为"小区货币"不是"白给钱"，它是通过有组织的小区公益劳动，来为他们提供生活保障。对受助者来说，不是通过救济，而是通过自己的劳动获得"小区货币"，也有利于心理上的平衡。

优势所在

这种"社区货币"不能够代替法定货币，它只相当于一种流通券，消费者通过购买或免费拿到后可以到指定网点花费，这是商家为了促进销售，以让利的形式来拉动消费的一种手段。这种"钞票"与我国部分地区发行的消费券类似，如发行量小、使用范围有限、给予消费者一定的实惠等。由于只在本小区内运行，针对性很强，从短期来看，"社元"的发行确实能刺激人们的购买欲望，起到活络地方经济的积极作用。

在小区内使用自己的钞票，不仅可以得到折扣，更增强了居民之间的联系，增加了小区的凝聚力。

小区货币的流通可以鼓励更多在地居民创业，发挥所长。只要你能提供的服务，无论是木工、烹饪、打扫、缝娃娃、打毛衣、带小孩、烘焙、种菜、翻译、说故事、水电维修、教英文等，都可以提供出来作为小区地货币的买卖项目（或者直接以服务交换服务）。

在地货币系统可保护小区在有天灾、政治社会、环境、经济灾害发生时，不会受到剧烈的影响，得以维持相同的生活质量。

小区货币系统是一个可以促进财富重新分配的制度，透过在地消费，让小区的生活更符合正义的原则。

使用小区货币，你会很清楚地知道你所使用、购买的货品或服务是从何而来，不用担心自己成为血汗工厂的支持者、儿童权或劳工人权的间接加害者。

社区货币

在地消费与在地就业机会的增加，更可使居民得以就近满足生活所需之收入与消费，减少不必要的运输交通消耗，有助于节能抗暖化，更可以维护地球环境的健康！

未来的城市生活

第九章　　未来的绿色消费趋势

绿色，代表了生命、健康和活力，是希望的象征。

20世纪90年代以来，全球掀起了一场以"保护环境、崇尚自然"为宗旨的"绿色革命"，对整个世界和人类生活产生了巨大的冲击和影响，引发了人们对人类赖以生存的地球的关注。

人们普遍意识到，环境恶化并不是与己无关的遥远问题，而是就发生在自己的身边。环境保护不仅关系到周边环境的状况，同时已间接或直接影响到每个人的健康！人们对环境和自身健康的关注，对安全、无污染、高品质绿色产品需求日益强烈，与日俱增。如今，环保人士越来越多，他们的环保行动广泛影响或改变着人们的生活，人们开始有意识地使用环保产品，推崇环保产业。拒绝污染、远离污染的要求也改变着人们的消费行为，绿色消费概念一问世便立刻受到广大消费者的认同、肯定和青睐，绿色消费浪潮在世界范围内普遍兴起。

绿色消费是一种以"绿色、自然、和谐、健康"为宗旨，有益于人类健康和社会环境的新型消费模式，是消费者按照环保与生态的原则来选择消费品的超越自我的高层次的理性消费活动。绿色市场正呈现高速增长趋势，有关专家预言，绿色市场的兴起将成为 21 世纪最热的市场，绿色消费将成为 21 世纪的主流消费。21 世纪是绿色的世纪。

1. 绿色消费"绿"在何处

国际上对"绿色"的理解通常包括生命、节能、环保三个方面。"绿色消费"是指一种以适度节制消费，避免或减少对环境的破坏，崇尚自然和保护生态等为特征的新型消费行为和过程；是在社会消费中，不仅要满足我们这一代人的需求，还要满足子孙后代的消费需求和安全健康。它有三层含义，一是倡导消费时选择未被污染或有助于公众健康的绿色产品；二是在消费者转变消费观念，崇尚自然、追求健康，在追求生活舒适的同时，注重环保，节约资源和能源，实现可持续消费；三是在消费过程中注重对垃圾的处置，不造成环境污染。它的内容不仅包括绿色产品，还包括物资的回收利用、对能源的有效使用、对生存环境和物种的保护等，可以说，涵盖生产、消费、发展行为的各个方面。

一些环保专家把绿色消费概括成"5R"，即节约资源，减少污染（Reduce）；绿色生活，环保选购（Reevaluate）；重复使用，多次利用（Reuse）；分类回收，循环再生（Recycle）；保护自然，万物共存（Rescue）。

（1）节约资源，减少污染（Reduce）

地球的资源及其污染容量是有限的，必须把消费方式限制在生态环境可以承受的范围内。因此，必须节制消费，以降低消耗，减少废料的排放来减少污染。最为紧要的是节约用水，同时还要及时对工业废水、城市污

183

水进行处理，减少燃烧煤所产生的烟尘、机动车尾气废气等的排放。

（2）绿色生活，环保选购（Reevaluate）

每一个消费者都要带着环保的眼光去评价和选购商品，审视该产品在生产过程中会不会给环境造成污染。消费者用自己手中的"货币选票"，看哪种产品符合环保要求，就选购哪种产品，哪种产品不符合环保要求，就不买它，同时也动员别人不买它，这样它就会逐渐被淘汰，或被迫转产为符合环保要求的绿色产品，通过这样的方式引导生产者和销售者正确的走向可持续发展之路。

（3）重复使用，多次利用（Reuse）

为了节约资源和减少污染，应当多使用耐用品，提倡对物品进行多次利用。20世纪80年代以来，一次性用品风靡一时，如"一次性筷子"、"一次性包装袋"、"一次牙刷"、"一次性餐具"等。一次性用品给人们带来了短暂的便利，却给生态环境带来了高昂的代价。许多人出门自备可重复使用的购物袋，以拒绝滥用不可降解的塑料制品；许多大宾馆已不再提供一次性牙刷，以鼓励客人自备牙刷用以减少"一次性使用"给环境所造成的灾难。

（4）分类回收，循环再生（Recycle）

垃圾是人类生产与生活的必然产物。人类每天都在制造垃圾，垃圾中混杂着各种有害物质。随着城市规模的扩大，垃圾产生的规模也越来越大，垃圾处理的任务也越来越重。现有的办法是拉去填埋，但这种方法侵占土地、污染环境，不是长久之策。而将垃圾分类，循环回收，则可以变废为宝，既减少环境污染，又增加了经济资源。

（5）保护自然，万物共存（Rescue）

在地球上，生态是一个大系统，各种动物、植物互相依存，形成无形的生物链。任何一个物种的灭绝，都会影响到整个生物链的平衡。人是地球最高等的动物，但实质上也是生物链中的一链，人类的生存要依赖于其他生物的生存。因此，保护生物的多样性，就是保护人类自己。人类应当爱护树木，爱护野生动物，要将被破坏了的生态环境重新建立起来。

2. 绿色消费的"源头"

人类的消费和生产离不开自然环境，而消费方式的变化取决于生产力发展水平。人类的发展，本质上就是与地球大自然系统的物质变换的过程，人类不断地从自然取得物质资料，以满足自己的需要，尔后又不断将废物排放到自然，经过自然的"净化"作用，重新转化为自然物质。

在原始社会时期，社会生产力水平很低，人们穴居树栖，主要从事捕猎活动，靠采集、捕猎自然食物来获取生活资料以维持生命，消费方式极其单一，人类向自然界索取的物质和排放的废弃物都在自然环境的承受范围内。农牧业时期，社会生产力得到发展，人们的生产方式发生了根本变化，增强了对自然界的改造能力。人们在从事农业和畜牧业活动中不可避免地对自然环境造成了一定的影响，但由于当时的社会生产力水平不高，由此而带来的环境问题也只是表现在局部破坏上。当人类进入工业社会时期，社会生产力获得巨大发展，人类利用和改造环境的能力极大增强。人类为了自身的利益进行全方位、大规模的改造自然的活动，把自己的设想强加给大自然，过度消耗自然资源来满足人类无节制的物质消费需要。

但是，自然资源并不无限的。人类与自然的物质变换过程，必须建立在平衡的基础上。一方面，人类向自然取得物质资料，要以自然的再生产能力为前提，而自然界许多资源本身是不可再生的，对于这些资源，就不

185

未来的城市生活

能过快地将其耗尽；另一方面，人类将排出物返还自然，要以自然的"净化"能力为限，否则，就只能是对环境的污染。

随着人口的剧增，生产规模的不断扩大，资源消耗和废弃物排放量的增加，造成了大规模的环境污染和自然资源的破坏，这种不平衡就不断地出现了。水土流失、土壤沙化、盐碱化、资源枯竭、气候变异、生态平衡失调、自然灾害等现象接踵而至。严重的生态危机使人类不得不重新审视自己现有的消费和生产方式，人们终于开始觉醒：人类与大自然密不可分，人类要生存并获得发展，必须以人与自然和谐共处为前提条件。"绿色"观念逐步形成正是这种觉醒的必然结果。

绿色消费是科学消费、文明消费，它关系到我们生活中的方方面面，并直接影响与我们息息相关的环境，绿色消费最终目的是引导消费者追求自然，注重环保，节约资源，转变消费观念，缓和人与自然矛盾日益尖锐的局面，达到消费与环境相和谐。让我们行动起来，少一些挥霍，多一些节约，从身边做起，从自我做起，共同创造一个舒适、和谐、环保、健康、充满绿色的生活环境。

3. 树立绿色理念

"当人类进入新世纪的时候，正面临着由于环境污染和资源浩劫所造成的生存危机。让我们想一想，我们每个消费者在这样的时刻负有怎样不可推卸的责任？"

"我们，意识到对环境不负责任的生活方式是造成生态环境恶化的根源，愿意选择对健康有益的、与环境友好的绿色消费方式。"

——《绿色消费宣言》

随着环境污染问题在全球范围内蔓延，环保意识日益深入人心。绿色观念正潜移默化地影响着人们，绿色消费也在我们的生活中悄然兴起。人们购买的不仅是具有使用价值的产品，还要把个人消费和身心健康、居室环境质量、区域生态环境和全球环境问题联系起来考虑，选择无污染、无公害，有助于健康的绿色产品，并把购买绿色产品视为一种时尚。买食品，选择绿色食品标志的蔬菜、肉食；购家电，选择无氟冰箱、超静音空调、低辐射电视机；装修家居，选择对身体无害的绿色涂料、绿色地板。大街上，你还能随时看到倡导环保的"绿色"广告，追求人与自然、人与环境的和谐相处。反对破坏环境，倡导绿色消费可谓大势所趋，人心所向。

　　很多消费者一听到"绿色消费"这个名词的时候，很容易把它与"天然"联系起来，其实这样就形成了一个误区——把绿色消费变成了"消费绿色"。有的人非绿色食品不吃，但珍稀动物也照吃不误；非绿色产品不用，但是塑料袋却随手乱丢；家居装修时非绿色建材不用，装修起来却热衷于相互攀比。他们所谓的绿色消费行为，只是从自身的利益和健康出发，而并不去考虑对环境的保护，违背了绿色消费的初衷。

　　绿色消费不是消费"绿色"，而是保护"绿色"，即消费行为中要考虑到对环境的影响并且尽量减少负面影响。如果沿着"天然就是绿色"的路走下去的话，结果将是非常可怕的。比如：羊绒衫的大肆流行，掀起了山羊养殖热，而山羊对植被的破坏力惊人，会给生态造成巨大的破坏。绿色消费必须是以保护"绿色"为出发点，维护物种的多样性，不吃珍稀动植物制成品。让每个人感知环保与每个人的自身利益密切相关，而且在生活中每个人都应该而且能够做到对环境的保护。

未来的城市生活

提倡绿色消费，就是要从根本上改变落后的消费习惯，人人自觉参与，从自己做起，从身边做起，从细枝末节做起，真正做到消费有益于环境的无污染产品，不使用大量消耗不可再生资源的产品和出自稀有资源的产品，不购买过度包装或过短生命周期而造成不必要消费的产品，不消费、不生产、不出售有害于他人健康的产品等等。

倡导绿色消费，其观念和行为的内容主要应该包括：（1）节约资源，减少污染。如节水、节纸、节能、节电、多用节能灯，外出时尽量骑自行车或乘公共汽车，减少尾气排放等等。（2）绿色消费，环保选购。选择那些低污染低消耗的绿色产品，像无磷洗衣粉、生态洗涤剂、环保电池、绿色食品，以扶植绿色市场，支持发展绿色技术。（3）重复使用，多次利用。尽量自备购物包，自备餐具，尽量少用一次性制品。（4）垃圾分类，循环回收。在生活中尽量地分类回收，像废纸、废塑料、废电池等等，使它们重新变成资源。（5）救助物种，保护自然。拒绝食用野生动物和使用野生动物制品，并且制止偷猎和买卖野生动物的行为。

我国每年产生的垃圾高达几十亿吨，其中将近70%的垃圾存在着利用价值，利用这部分垃圾，进行再生产，不仅可以节约资源，减少垃圾的污染，而且大大降低生产成本，更有助于产品的推广。有些产品，如一次性制品、电池、洗衣粉等他们在生产过程中就对环境造成一定污染，在使用和废弃中又对环境造成二次污染，是造成水质恶化、土壤硬化的根本所在。

随着纸制塑料、重复使用电池、无磷洗衣粉的出现，无污染优质营养类食品（比如蔬菜不施化肥、农药，无土培植，自然生长）的推出，不使用抗生素、激素的鸡、鱼、猪的出现，将在一定程度上缓解并改善环境质量，这些"放心食品"、"安全食品"也日益被消费者所青睐。

在消费者环保、节约、安全、健康的绿色消费理念引导下，消费者的绿色消费行为，将促进生产者大力从事绿色产品的制造，将使我们的生存环境永远是蓝天白云，青山绿水，实现人与自然的和谐。

4. 倡导绿色消费

绿色消费是一种权益，它保障后代人的生存和当代人的安全与健康；绿色消费是一种义务，它提醒我们：环保是每个消费者的责任；绿色消费是一种良知，它表达了我们对地球母亲的孝爱之心和对万物生灵的博爱之怀；绿色消费是一种时尚，它体现着消费者的文明与教养，也标志着高品质的生活质量。绿色消费有利于人与自然的和谐共处，有利于人类社会的可持续发展，有利于提高人类的生活质量。

据有关民意测验统计，77%的美国人表示，企业和产品的绿色形象会影响他们的购买欲望；94%的德国消费者在超市购物时，会考虑环保问题；在瑞典85%的消费者愿意为环境清洁而付较高的价格；加拿大80%的消费者宁愿多付10%的钱购买对环境有益的产品。日本消费者更胜一筹，对普通的饮用水和空气都有以"绿色"为选择标准。"绿色革命"的浪潮一浪高一浪，绿色商品大量涌现。绿色服装、绿色用品在很多国家已很风行。瑞士早在1994年就推出"环保服装"，西班牙时装设计中心早就推出"生态时装"，美国早已有"绿色电脑"，法国早已开发出"环保电视机"。绿色家具、生态化的化妆品，也走入世界市场；各种绿色汽车正在驶入高速公路；使用木料或新的生态建筑材料建成的绿色住房，也都已出现。总之，绿色消费已渗透到人们消费的各个领域，在生活消费中占据越来越重要的地位。

（1）认"环保标志"——选购绿色产品

已被中国绿色标志认证委员会认证的环保产品有低氟家用制冷器具、无氟发用摩丝和定型发胶、无铅汽油、无镉汞铅充电电池、无磷织物洗涤剂、低噪声洗衣机、节能荧光灯等。这些环境标志产品上贴有"中国环境标志"的标记。该标志图形的中心结构是青山、绿水、太阳，表示人类赖以生存的环境，外围的 10 个环表示公众共同参与保护环境。

你在购物的时候，是否注意过"环保标志"？"环保标志产品"是指无污染或低污染、低耗能、低噪声、生产过程符合环保要求的产品。目前，世界许多国家都有自己的环保标志，很多消费者愿意多付一部分钱来购买对环境有益的产品。据统计，40% 的欧洲人愿意购买有环保标志的产品；在日本，也有很多批发商发现他们的顾客只挑选和购买环保标志产品。

认准"环保标志产品"，你并不会多花多少钱，却把自己手中的钞票作为"选票"投给了符合环保要求的绿色产品。

（2）用无氟制品——保护臭氧层

臭氧层能吸收紫外线，保护人和动植物免受伤害。氟利昂中的氯原子对臭氧层有极大的破坏作用，它能分解吸收紫外线的臭氧，使臭氧层变薄。强烈的紫外线照射会损害人和动物的免疫功能，诱发皮肤癌和白内障，会破坏地球上的生态系统。

1994 年，人们在南极观测到了至今为止最大的臭氧层空洞，面积约 2400 万平方千米。据有关资料表明，位于南极臭氧层边缘的智利南部已经出现了农作物受损和牧场的动物失明的情况。北极上空的臭氧层也正在变薄。目前，最早使用 CFC（氟利昂是 CFC 物质中的一类）的 24 个发达国家已签署了限制使用 CFC 的《蒙特利尔议定书》，1990 年的修订案将发达国家禁止使用 CFC 的时间定位在 2000 年。1993 年 2 月，中国政府批准了《中国消耗臭氧层物质逐步淘汰方案》，确定在 2010 年完全淘汰消耗臭氧层的物质。

你一定听说过女娲补天的故事，这不过是一个神话传说。但是，今天的科学家告诉我们，天空的确捅了一个洞，这就是臭氧层空洞，而我们平常使用的冰箱、空调等用品中的氟利昂正是凶手之一。我们能为保护臭氧层做什么？

请选用无氟冰箱、不含氟的摩丝、空气清新剂等，不使用含氟的发用摩丝、定型发胶、领洁净、空气清新剂等物品。

（3）选无磷洗衣粉——保护江河湖泊

我国年产洗衣粉几百万吨，大都含磷，每年就有几万吨的磷排放到地表水中，给河流湖泊带来很大的影响。据有关人员调查，滇池、洱海、玄武湖的总含磷水平都相当高，昆明的生活污水中洗衣粉带入的磷超过磷负荷总量的 50%。大量的含磷污水进入水体后，会引起水中藻类疯长，使水体发生副营养化，水中含氧量下降，水中生物因缺痒而死。水体也由此成为死水、臭水。

洗涤既是一个净化过程，又是一个对水体的污染过程。由于不同的洗涤用品给水带来的污染程度不同，选用什么样的洗涤用品也就成了关键。我们虽然无法拒绝洗涤本身，却可以选择有利于环保的洗涤用品。无磷洗衣粉并不贵多少，却会对缓解日益严重的水体富营养化

191

未来的城市生活

起作用。目前在欧洲，除了英国、西班牙和法国市场上还出售低磷洗涤剂外，其他各国的洗涤剂都实现了无磷化。日本的洗涤剂已达到百分之百无磷化。

（4）买环保电池——防止汞镉污染

我们日常使用的电池是靠化学作用，通俗地讲就是靠腐蚀作用产生电能的。而其腐蚀物中含有大量的重金属污染物——镉、汞、锰等。当其被废弃在自然界时，这些有毒物质便慢慢从电池中溢出，进入土壤或水源，再通过农作物进入人的食物链。这些有毒物质在人体内会长期积蓄，难以排除，损害神经系统、造血功能、肾脏和骨骼，有的还能够致癌。电池可以说是生产多少废弃多少；集中生产，分散污染；短时使用，长期污染。

你可以留意一下，你身边有多少使用电池的电器。当你更换电池的时候，请选用环保电池，以减少废旧电池里的重金属带来的污染。你可选购不含镉和汞的环保电池（带有 No Mercury/Cadmium 或 Mercury & Cadmium Free 的标志，有的是 0% Mercury 标志）。这些不含镉汞的环保电池，对环境危害较小。充电电池不用频繁更换，对环境更为有利，使用太阳能电器就更好了。

（5）选绿色包装——减少垃圾灾难

有人统计过，每人每年丢掉的垃圾一般超过人体平均重量的五六倍。北京近几年平均日产垃圾 1 万多吨，年产垃圾达到 400 多万吨，相当于每年堆起两座景山。我国目前垃圾的产生量大约是 1989 年的 4 倍，其中很大一部分是过度包装造成的。不少商品，特别是化妆品、保健品的包装费用已占到成本的 30%～50%。过度包装不仅造成了巨大的浪费，也加重了消费者的经济负担，同时还增加了垃圾量，污染了环境。

也许你喜欢购买包装精美的商品，但你是否想到，那些过度包装的商品是资源和金钱的双重浪费。过度包装指的是包装材料的高档化和繁缛化。其实，很多国家已开始时兴使用无害的绿色包装，国际贸易也在倡导"让贸易披上绿装"。生产和销售过度包装的商品已是一种落伍，选择这种商品更是一种不理智的消费行为。请走出过度包装的误区，选购减量包装的商品。如果你购买了有过度包装的商品，不妨把包装物退回给商店，以此给企业及销售者发出正确的信号。

（6）认绿色食品标志——保障自身健康

目前，全国有绿色食品生产企业 300 多家，按照绿色食品标准开发生产的绿色食品达 700 多种，产品涉及饮料、酒类、果品、乳制品、谷类、养食品殖类等各个门类。其他一些绿色食品，如全麦面包、新鲜的五谷杂粮、豆类、菇类等也是对人体健康很有益处的。

"绿色食品"是我国经专门机构认定的无污染的安全、优质、营养类食品的统称。这类食品在国外被叫做"自然食品"、"有机食品"、"生态食品"等。我国绿色食品标志是由中国绿色食品发展中心在国家工商行政管理局商标局正式注册的质量证明商标。绿色食品标志由太阳、叶片和蓓蕾三部分构成，标志着绿色食品是出自纯净、良好生态环境的安全无污染食品。请你认准绿色食品标志，选购绿色食品。我们每个人的行为汇集起来就会促进"绿色食品"产业的发展。

（7）买无公害食品——维护生态环境

随着农业科技的进步，农药和化肥在农业生产中起到越来越重要的作用，但如果使用不当，也会带来环境的破坏。据统计，北京市化肥施用量大大高于国际平均水平和全国平均水平；农药施用量高于全国平均水平，由于过量使用农药和化肥，已经对农村地表水和浅层地下水产生了影响。因此要提倡使用"农家肥"等有机肥料，推广生物防治措施，以利于生态保护。

请选择无农药污染的、有机肥料培育的新鲜果菜，少选购含防腐剂的各种方便快餐食品、腌制加工的食品、各种含有色素和香料的饮料及各种含有味精和添加剂的香脆咸味零食。你的选择不仅会促进你的健康，也会给绿色食品行业带来生机，使生态环境得以改善。

（8）少用一次性制品——节约地球资源

那些"用了就扔"的塑料袋不仅造成了资源的巨大浪费，而且使垃圾量剧增。我国每年塑料废弃量为 100 多万吨，北京市如果按平均每人每天消费一个塑料袋计算，每个袋重 4 克，每天就要扔掉 44 吨聚乙烯膜，仅原料就扔掉了近 4 万元。如果把这些塑料袋铺开的话，每人每年弃置的塑料薄膜面积达 240 平方米，北京 1000 多万人每年弃置的塑料袋是市区建筑面积的 2 倍。

另外，不用普通木杆铅笔，请使用自动铅笔。你知道吗，全世界的铅笔年产量是 100 亿支，其中 75 亿支铅笔是中国制造的。制造这 75 亿支铅笔至少需要 10 万立方米的木材！

作为绿色消费志愿者，每个人都是市场上的绿色选民；手里的每一元钱，实际上它就是一张"绿色的选票"。我们的每一个消费行为都潜存着一个重要信息。我们应该带着环保的眼光去评价和选购商品，审视该产品在生产、运输、消费、废弃的过程中会不会给环境造成污染。哪种产品符合环保要求，我们选购哪种产品，这样它就会逐渐在市场上占有越来越多的份额；哪种产品不符合环保要求，我们就不买它，同时也动员别人不买它，这样它就会逐渐被淘汰，或被迫转产为符合环保要求的绿色产品。如果每个消费者都能有意识地选择有利于环境的消费品，那么这些信息就将汇集成一个信号，引导生产者和销售者正确地走向可持续发展之路。

请你多用可重复使用的耐用品。比如说，用可重复使用的容器装冰箱里的食物，而尽量不用一次性的塑料保鲜膜；使用可换芯的圆珠笔，不用一次性的圆珠笔；出外游玩时自带水壶，减少塑料垃圾的产生；旅游或出差时，自带牙刷等卫生用具，不使用旅馆每日更换的牙具等。

倡导绿色消费　引领健康生活

生活小贴士：绿色消费的 10 条建议

在购物的时候能够考虑到环保，能使我们的世界变得更加健康和安全，这不过是举手之劳对保护环境却有巨大的推动作用。这里有 10 条建议，它能让你的购物更加的环保。

1. 购买（大量）散装的物品——量的多少问题。当你购买大量的你能用到的商品，可以减少在包装上面的浪费。

195

2. 购买可循环使用的产品——如果没有购买可循环产品的市场，那就没有可循环利用的动机。购买那些由可循环的材料做成的商品就达到了这个目的。

3. 少购买一次性产品——一次性使用的剃须刀、照相机、塑料杯和塑料碟子都是我们贪图方便而破坏环境的例子。这些东西出厂后，在你手上稍作停留，然后就直接变成垃圾。买那些可以长久使用的物品吧。

4. 用可充电的电池——常规的电池含有镉和汞，必须以危险的垃圾标准来处理掉它。可充电电池寿命更加长久，花费更少且不会给河流带来毒物的污染。购买可充电的电池吧！

5. 买二手的或者翻新的物品——用二手的书可以解救树木，翻新的电器可以节省你的金钱。当你购买在线拍卖品或者在 windows 在线展览中购买二手商品，你就通过使物品最大化的利用为减少污染出了一份力。

6. 购买水流小的淋浴喷头——在龙头中安装通风发散装置和安装低流量的淋浴喷头可以减少 50% 家庭水费的支出，同时也促进了水资源的保存。

7. 用能量利用率高的用品——当你在换洗衣机、干衣机、冰箱或者其他的家具的时候，始终要寻找那些贴有"能源之星"标签的。这样做你不仅减少了二氧化碳的释放，而且你将享受节约在能源上的花费而得到快乐。

8. 购买简洁的日光灯——这使你所能做的节约能源和节省钱的最简单的事之一。简洁的日光灯寿命是白炽灯的 10 倍以上。

9. 用天然的、无公害的物品代替化学制品家具和杀虫剂——按照美国环保署的说法，美国家庭中拥有的污染物是其他国家和地区家庭的 2~5 倍，究其原因是家庭清洁剂和杀虫剂用得比较多，且留有很多残余物。

10. 买轮胎要选寿命长的或者翻新的——丢弃的轮胎污染了垃圾掩埋地，带来了火灾和浪费了石油。当你买轮胎的时候，要尽你所能买那些最耐磨的，并且保证胎的气要足这样可以减少磨损和节省汽油。

5. 畅想绿色未来

进入 21 世纪，随着环保意识的提高，对个人健康的关注，崇尚自然、追求健康将越来越成为人们的时尚。与此相适应的是，绿色生活将备受青睐，并成为消费的主导潮流，绿色产业也将是全球性的朝阳产业。

绿色食品

绿色食品指无公害或无污染的优质食品。绿色食品是发展经济和保护环境的最佳结合，它代表现代农业和食品工业进步的方向，并将成为 21 世纪的主导食品。在我国，凡得到认证的绿色食品都会有一个绿色标志，且绿色食品又分为 A 和 AA 两个级别，A 级绿色食品在生产中允许限量使用某些化肥、农药、合成添加剂，AA 级绿色食品完全不用化肥、农药、生长调节剂、畜禽饲料添加剂等合成物质，等同于国际上的有机食品。

随着我国人民消费水平的不断提高和食品消费的不断升档，人们更为注重食品的卫生质量，具有品质好、多营养、无污染、可健身多重功效的

197

绿色食品，适应了消费者的需求，因而得到了广大消费者的欢迎和喜爱。据市场调查资料显示，约有 79%～84 % 的消费者愿意主动购买绿色食品。绿色食品的范围，已涉及肉、蛋、奶（包括奶制品）、鱼、蔬菜、水果、粮食、酒、菜、饮料、调料等。

绿色服装

在穿着方面，消费者在选择衣物时的自我保健意识也在逐渐增强。前些年曾在服装市场风靡一时的化纺织品，因其含对人体有害的苯、酚等化学物质，刺激人体皮肤而引起过敏性皮炎、湿疹、丘疹等疾患，已日益受到消费者的冷落。与此同时，以往不被重视的纯天然纺织品，诸如丝、棉、麻等织物因其生产工艺的改进而大多免除了洗涤和熨烫方面的麻烦，颇受消费者的欢迎。

在环保意识日益强烈的今天，服装的原料开始时尚自然，棉、麻成为首推面料，与之配套的装饰物也相应散发出浓浓的大自然气息，贝壳、牛角骨、骨绳成为饰物的新原料。专家们认为，未来的服装就是要融入舒适、个性和环保三大要素。绿色服装就是运用高科技工艺制作服装，使其既不污染环境，也不危害人体健康，有着与人体肌肤同样的外形及功能，同时，冬暖夏凉。

绿色住宅

随着生活水平的提高，人们对居住的条件也越来越讲究，绿色住宅作为一种全方位的立体环保工程，它提倡使用高科技环保型建材；要求就地处理污水，把污水变成中性水，中性水用以种地、浇花、洗车，从而节约大量的水资源；充分利用自然光资源，减少对大气环境的污染；对小区垃圾实行无公害处理。

人们对住房的重视，不仅表现在对扩大居住面积的渴望，也表现在对居室内的装修布置。在装修过程中，人们不仅注重美观、实用，而且越来越重视选择无毒害的建筑装潢材料。在安全无毒的石膏板吊顶、石膏浮雕装饰、木制三合板腰墙、水溶性无毒乳胶漆、工艺玻璃点缀等等，使居室不仅典雅、舒适，而且没有甲醛、苯、酚、铅等造成的危害。

绿色家电

绿色家电是除衣、食、住、行外，较早被掺进"绿意"的日用品。近年来市场上又雨后春笋般冒出了绿色冰箱、绿色空调等新概念家电。只是其"绿色"的内涵已由早期单纯宣传的无污染发展到保鲜、抗菌、防霉等特殊功能。

同时，倡导绿色消费是提高人民生活水平的必然选择，渗透到日常生活的吃、穿、住、用中。近年来，随着人们生活水平、生活质量的提高，人们的保健和环保意识不断高涨，绿色产品日益受到消费者的青睐。绿色消费正逐渐成为时尚消费、潮流消费的亮点和热点。随着现代科学技术的发展，新型绿色产品不断问世。可以说，如今我们的衣、食、住、行、用，都在朝着"绿色"迈进。

绿色汽车

眼下汽车的污染已成为环境保护的一大公害，汽车要早日跨进家庭，

199

未来的城市生活

必须在生产时就强调"绿色标准"。新型的绿色汽车，其生产的每一个系统、每一个环节、每一道工序和每一个零件中都有绿色环保观念的体现。如车载空调要求无氟的；尾气污染追求"零排放"；离合器、制动装置和所有衬垫全部使用无石棉材料；整车噪声要降至 3 分贝以下；车辆报废后要实施再生回收。

随着绿色消费的兴起和普及，人们的文明程度将会得到不断提高，维护公共卫生环境，注重个人卫生行为和养生保健的良好习惯亦会逐渐养成。

为了健康，请选择绿色；为了健康，请保护绿色。